巧克力的
基本與關鍵大全

Essentiel du chocolat

藍帶廚藝學院

LE CORDON BLEU

大境文化

前言
Préface

近十幾年間，巧克力的世界有著顯著的進步。全球新舊品牌積極地開創市場，日本對於巧克力糖果（Bonbon Chocolat）的需求也逐年提升。世界各地對於巧克力的豐富變化、風味組合、形狀及創新的構想，還有專業巧克力師的追求，以及消費者的期待...，沒有停歇。此外，超越了品嚐巧克力的概念，朝向藝術領域的巧克力加工範圍，巧克力師專業技術的提升，甚至已達到藝術家的層級。

在糕點師的分野，特別區分出"Chocolaterie（巧克力師）"的類別，首先要具備能處理巧克力的知識，並且要求有足以活用巧克力的廣泛技術。於此，比什麼都重要的就是要觸及巧克力的基本與關鍵（Essentiel）。本書正是從理論與技術雙方面學習巧克力而編撰，若能有助於提升各位對於巧克力的興趣及技術，就是我們最大的榮幸。

Le Cordon Bleu
法國藍帶廚藝學院日本校

Le Cordon Bleu法國藍帶廚藝學院，對於參與完成這部優秀書籍企劃的各位，
以及2007年MOF Chocolaterie法國最佳工藝巧克力師、擔任法國藍帶廚藝學院神戶校糕點主任教授的布魯諾德夫Bruno Le Derf致上感謝之意。

巧克力的基本與關鍵大全

目錄

1 巧克力，究竟是什麼（基礎知識）
009

2 小型糖果的基底
017

製作之前

● 本書稱為「室溫」時，指的是最適合進行巧克力作業的17～18℃。

● 本書凝固甘那許或水果軟糖的方框模（Cadre），雖然使用的是特別訂製品，但也可使用相同高度的鐵棒環繞成相同尺寸使用。此外，模型下方務必墊放樹脂製的墊子。若沒有則請墊放烤盤紙等。

● 模型、方框模（Cadre）的尺寸，指的是內側的大小。

● 絞擠甘那許、排放包覆沾裹巧克力的方型淺盤中，如果沒有樹脂製的墊子，請舖墊烤盤紙或加工紙。

● 融化巧克力和可可脂時，因可可脂融化需要較長的時間，所以請比巧克力更早開始進行。

● 作為小型糖果基底的甘那許等的製作方法，詳細內容請參照第2章。

● 材料等以旋風烤箱烘烤。使用平爐烤箱時，請設定略高的烘烤溫度。

● 色粉用於巧克力時，使用的是巧克力專用的油性產品（→ P224）。

● 本書使用液態色粉時。分量表中「色粉」的重量，是以液態色粉的重量表示。

● 鮮奶油全部都是使用乳脂肪成分40%的產品。

● 冷凍果泥、整顆冷凍的水果，沒有特別記述時，都先解凍備用。

● 分量表的材料，沒有特別標示參照頁面者，都是使用第2章介紹的市售品基本材料。

● 板狀明膠，一般是以冰水還原，擠乾水分後使用。

● 酒石酸溶液，是市售的粉末狀酒石酸與相同比例的水分溶解而成，分量表中標示的是液體重量。

● 玻美30°的糖漿，是煮沸的1L熱水中添加1350g砂糖溶化後冷卻而成。

● 模型的大小，除了特別標示之外，寫的均是口徑或高度等數據最大之處。

1

巧克力，究竟是什麼
（基礎知識）

Caractéristiques
du cacao et du chocolat

巧克力的種類與特徵

巧克力製品是由可可豆製作而成，
將其製成膏狀的可可塊、可可豆脂肪成分的可可脂、
可可塊中再添加可可脂使其成為流動性更佳的覆蓋巧克力（couverture）等，各式各樣的製品。
在此將這些製品各別詳細地加以解說。

可可塊
Pâte de cacao

可可豆的胚乳部分（Grué de cacao）經過發酵、
乾燥、煎焙、粉碎製作而成的膏狀固態物質。不
添加砂糖、100% 可可。換言之就是可可豆直接
製作成的膏狀物質（製品是固態）。可可豆的油脂
成分可可脂，占全體的 55%。

［可可塊（可可豆）的成分結構］

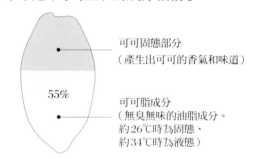

可可固態部分
（產生出可可的香氣和味道）

55%

可可脂成分
（無臭無味的油脂成分。
約 26℃時為固態、
約 34℃時為液態）

覆蓋巧克力
Couverture（de chocolat）

所謂的 Couverture，在法語中是「毯子、書本的
封面」，用於糕點製作時則是指巧克力。因在可
可塊中，添加了可可脂，所以相較於其他巧克
力，特徵是更具流動性及滑順度。覆蓋巧克力，
在國際規格上，被規定為必須含 31% 以上的可
可脂。
除了添加了可可脂、糖分、香料，因種類不同，
也有加了奶粉，或具乳化劑作用的卵磷脂（取自
大豆）等的內容物。
包括下述的黑（noir）、牛奶（lait）、白（blanc）3
種覆蓋巧克力。

［覆蓋巧克力的成份例舉］
當可可成分為 70% 的覆蓋巧克力

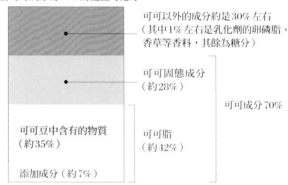

可可以外的成分約是 30% 左右
（其中 1% 左右是乳化劑的卵磷脂、
香草等香料，其餘為糖分）

可可固態成分
（約 28%）

可可成分 70%

可可豆中含有的物質
（約 35%）

可可脂
（約 42%）

添加成分（約 7%）

黑（noir）

可可塊（可可豆）
可可脂（添加部分）
砂糖、卵磷脂、香料

一般被稱為 sweet chocolate，主要的
成分是可可塊、可可脂和砂糖。可可
成分越高，糖分越少，苦味會增加。
一般的產品可可成分約是 55 ～ 80%
（會因廠商不同而略有差別）。

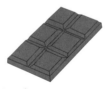

牛奶（lait）

可可塊（可可豆）
可可脂（添加部分）
砂糖、卵磷脂、香料、奶粉

主要成分為可可塊、可可脂、砂糖、
奶粉。因添加了牛奶使得可可含量變
低。標準的可可成分約為 31 ～ 38%
（會因廠商不同而略有差別）。

白（blanc）
（也稱為 ivorire）

可可脂（添加部分）
砂糖、卵磷脂、香料、奶粉

主要成分是可可脂、砂糖、奶粉。因
不含可可的固態成分，因此基本上沒
有可可原來的風味。所含的可可脂約
為 30% 左右。

a 可可脂
Beurre de cacao

由可可塊中壓榨出可可當中的天然油脂成分。相較於動物性油脂，開始融化的溫度和開始結晶化的溫度差異極少，融點和結晶點近似奶油。但相對於奶油在融點與結晶點溫度之間所具有的可塑性（像黏土般的變形性質），可可脂是一氣呵成的融化、凝固。也可以說只有固體或液體的其中一種狀態。

b 可可粉
Cacao en poudre

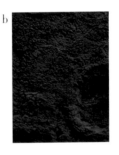

從可可塊壓榨出油脂成分的可可脂時，將所殘留的固態成分（可可餅）製成的粉末。可可粉當中，也殘留約11～24%的脂肪成分。

c 可可碎粒
Grué de cacao

大家所熟知，以Grué de cacao為商品名稱。煎焙過的可可豆碾磨成粗粒的物質，完全不添加砂糖，可以品嚐出可可豆原有的風味。用於想要強調風味、表現口感時，也會碾碎使用。

從可可的果實到製成巧克力為止
── 巧克力的製作過程

通常可可豆會在產地使其發酵、乾燥後輸出至製作國家，
而後進行煎焙、粉碎、使其成為膏狀地再形成可可塊，才能製作出滑順的巧克力。
在此介紹成為巧克力之前的主要作業流程。
＊照片是哥斯大黎加共和國大規模植栽的狀況，在此進行至製成可可塊。

［在產地的作業］

1 可可樹 cacaoyer

栽植於赤道附近、熱帶雨林氣候帶。主要產地是中南美、非洲、菲律賓、印尼等，也是可可的產地。

1 可可樹和可可果

2 可可莢 cabosse

可可的果實，成為可可樹幹和枝梗的果實部分。一年可採收2～3次。

2 可可莢的顏色有紅色、黃色、綠色。

3 破莢 écabossage

以柴刀切開可可莢。莢內被黏稠白色黏液（mucilage）覆蓋，並充滿著可可豆。

3 切開可可莢，可以看見被白色果肉包覆著的種籽，這就是可可豆。

4 發酵 fermentation

一般會不斷地翻動並保持在50℃左右的溫度下使其發酵。可以看見白色黏液流出、可可豆的變化。希望大家能瞭解因發酵而產生各式各樣的香氣成分，因為這個步驟，才開始出現可可特有的香氣。

左：除去豆莢的可可豆，連同果肉一起攤放在竹簍筐上，覆蓋使其發酵4～5天。右：發酵後原為白色的可可豆變成了茶色。

5 乾燥 séchage

在日曬或乾燥機中約二週，使可可豆完全乾燥，就會變成茶褐色。

［在製造國進行］

6 脫殼 concassage

切開乾燥可可豆的薄皮，取出中央部分。

左：在巨大的竹簍筐上使可可豆乾燥。右：乾燥作業結束時，因水分的揮發，顏色變得深濃。

7　煎焙、烘焙 torréfaction

烘焙可可豆。

8　粉碎 broyage

碾碎可可豆，就能製作出膏狀的可可塊。

9　壓縮 pressage

以壓榨機碾壓可可塊，分出液體（可可脂）和固體（可可餅）。

10　篩出 blutage

因壓榨而分出的固態成分（可可餅）再以過篩機篩出可可粉。

11　混合 malaxage

依巧克力的種類區分，在8完成的可可塊、可可脂等當中混合可可脂、砂糖、香料、奶粉、作為乳化劑的卵磷脂（取自大豆）等，各依其配方比例加入材料調合。

12　細粒化、精鍊 broyage

為了讓狀態更細緻，再次使其通過滾輪機碾壓。

13　完成精鍊、熟成 conchage

使巧克力能更滑順細膩，放入大型桶內緩慢地混拌完成。約需24～72小時。

14　調溫 tempérage

利用溫度調整使巧克力的粒子整齊漂亮地結晶化，以求更具光澤、口感和入口即化。

15　塑型 moulage

倒入板狀模型中，凝固。

左：在煎焙作業之前，為檢測發酵、乾燥度的盒狀工具。插入板狀物對半切開可可豆，以顏色辨別。右：在大的鍋具中煎焙。利用煎焙使其產生香氣變成深茶色。

左：以滾輪機碾壓使其成為膏狀，重覆碾壓使其成為光滑狀態。右：完成可可100%的可可塊。

關於植物的
可可

可可樹
Cacaoyer

可可樹的學名是 Theobroma cacao。樹高 5～7 公尺，但也可見高達 12～15 公尺的種類。可可樹的平均壽命是 25～30 年，依其種類也有可生長至 40 年者。樹皮略帶粉紅，有著筆直深入地面 2 公尺的網狀樹根。

可可葉
Feuille de cacao

樹葉的壽命約是一年，一年有 4、5 次的萌芽。葉子的大小會因日照條件或樹齡而有差異。嫩葉是黃綠色，生長至 4～5 個月時，顏色會越來越深。

可可莢
Cabosse

可可的果實稱為 cacaopod，從結成果實至成熟約需 5～7 個月。直徑約 12 公分、長 20～30 公分、重量依種類而有不同，大約是 200 公克～1 公斤。切開可可莢，整齊地填滿著縱向排列成 5 排約 35 粒左右的可可豆。可可豆被帶著酸味和甜味的白色果肉所覆蓋，但依品種不同，果肉的味道也各異。

可可花
Fleur de cacao

與多數的熱帶植物相同，可可樹也會結成花苞、開花、結果。植樹超過三年才會開花，之後一整年都會開花。值得注意的是樹幹、枝梗直接連結花苞。雖然會開出很多花朵，但會結成果實的僅有少數約 1% 左右。

可可的主要種類

可可豆當中，有增添香氣用的 Flavour Beans，和作為巧克力基底的 Base Beans。還是要先瞭解這些主要的種類較適合。

克里歐羅
Criollo

纖細且有著特別顯著的香氣，帶著微苦。品質香氣俱佳，被使用在一流巧克力專門店內。相較於其他兩個品種，更不易栽植，對於病蟲害的抵抗也相對較弱。僅占可可豆的總生產量 1～5%。在委內瑞拉、墨西哥等地栽植。Flavour Beans 幾乎都是作為添加克力香氣之用。

佛洛斯特羅
Forastero

原產於亞馬遜河上游，主要栽植於巴西或西非等，占總生產量的 80%。特徵是有強烈的苦味及鞣質（tannin 單寧）。多作為 Base Beans 使用。

崔尼塔利奧
Trinitario

前述二種的中間品種，交配種，占總生產量的 10～15%。具有強烈的芳香，栽植於千里達島、中南美、爪哇島等地。

巧克力的歷史

食用可可的起源

可可樹的起源，始於拉丁美洲的史前時代，主要分布於中南美的樹林中。在哥倫布發現美洲大陸前，人們都只食用柔軟、乳白色的果肉，豆形的果核部分是被捨棄的。但某位年輕的土著（拉丁美洲的原住民），試著煎焙了豆形的果核部分，居然飄散出無法言喻的美味香氣。經過了漫長的歲月，就成了現在「Chocolat = chocolate」的形態，據說這就是起源。

將天然野生的可可樹，最先導向以人工「栽植」，據說是馬雅人。而此傳說源自於從猶加敦半島（Península de Yucatán），航海至宏都拉斯共和國的馬雅商人們。馬雅文明，從這個時代開始商業已經很發達，可可豆也運用在貿易通貨上。

此外，阿茲特克（Azteca）文明（中美／現今墨西哥）的歷史當中，也有著可可樹的存在。誕生於馬雅之後的阿茲特克時代，可可豆是作為食物和貨幣兩種用途。即使說是食物，當然也不是現今這種類型的食用方式，當時是將敲碎取出的可可豆煎焙後，磨碎加入香草或肉桂、水，用以增添顏色和香氣地作為飲品來喝。另一方面，貧窮者則將其加入玉米粉當中，作成粥狀的糊（Bouillie）食用。

在馬雅或阿茲特克時代，可可豆大多作為貨幣使用，國王徵收可可豆作為稅金。另外，據說當時100粒可可豆約媲美一個奴隸。因為有如此高的價值，還曾出現了想海撈一筆或不良之徒，偽造製作出大小、顏色近似可可豆的贗品。

遠渡重洋的可可豆

可可，傳入歐洲是在十六世紀之後，始於西班牙。1519年西班牙探險家埃爾南・科爾特斯（Hernán Cortés）登陸墨西哥。翌年1520年，戰勝了阿茲特克帝國的君主蒙特祖馬（Moctezuma），將墨西哥納於西班牙的統治之下。科爾特斯不僅取得位於墨西哥中南部，阿茲特克的金礦、寶石的原石以及蒙特祖馬君主的金銀珠寶，同時還發現了大量的可可豆。之後，據說在1528年，將可可豆獻給西班牙國王卡洛斯一世（Carlos I）。從此之後，在歐洲各國間推廣而發展成為至今的「巧克力」，但若僅單純地追遡可可豆進入歐洲的歷史，實則還要再向前推進一些。克里斯多福・哥倫布（Cristóbal Colón）發現新大陸的航程中，就已發現作為貿易通貨的可可豆，並在1503年帶回西班牙。但當時僅止於此，並未發現其價值與用途。

可能是哥倫布和科爾斯特帶入西班牙的可可有其獨特的苦味，所以在傳入歐洲至受到世人關注為止，花了相當長的時間。終於因為在殖民地培育發展種植甘蔗，砂糖開始出現在歐洲後，才開始在可可中添加砂糖，成為香甜之物，可可才開始在歐洲各國廣為人知並普及。

從宮廷開始推廣的
可可與巧克力

可可豆開始固定裝載運至西班牙的時間是1585年。西班牙人長期將可可視為境內所有，修道士作為巧克力的專家，持續守護這個秘方。西班牙人在中美

及南美建立可可農場，擴大可可的種植面積。可可也於此期間逐漸地在歐洲推展開來。1591年推展到義大利，繼而是德國、荷蘭，之後傳至法國。

西班牙國王腓力三世（Felipe III）的女兒，安妮公主（Anne d'Autriche）在1615年與路易十三結婚時，才首次將可可從西班牙帶入法國。但之後短期內，仍僅在宮廷內享用，並未推廣至一般民間。

作為飲品的可可，在不斷地逐步改良時，藉由出售可可豆與辛香料等乾貨（épicerie）店，以及藥劑師之手，終於製成現今我們所食用的「巧克力」。

2

小型糖果的基底

Masses de base

帕林內
Praliné

焦糖化堅果後
碾壓而成的膏狀成品

使用高熱傳導、容易混拌堅果的銅製缽盆或
銅鍋較為理想。
基本經典款是砂糖1：杏仁2的比例。
市售品大多是1：1，堅果的比例隨價格而
增加。
另外，糖漿的溫度必須以溫度計確實量測。
保存期間為冷藏2～3個月。堅果的油脂成分
會氧化，保存時必須多加注意。

杏仁帕林內
Praliné aux
amandes

分量

細砂糖sucre semoule —— 200g
水eau —— 60g
杏仁（整顆／去皮）amandes émondées —— 400g
＊使用新鮮杏仁時，即使帶著薄皮也很美味。

1 將細砂糖和水放入銅製缽
盆中，加熱至110℃。
＊若是100℃，在步驟2會需
要較長的時間蒸發水分，導
致糖漿滲入堅果中。110℃，
是可以有效率地在短時間使
水分蒸發的溫度。

2 熄火，倒入全部的杏仁。
邊晃動銅製缽盆，邊從底
部翻起般地迅速混拌。從
具有光澤的狀態混拌至使
其顏色變白地確實結晶
化，水分揮發後成為粒粒
鬆散的狀態。

3 再次加熱，以同樣要領邊
加熱邊進行混拌。使結晶
化的部分再漸次地融化。
＊由此開始，火候的調整很
重要。必須慎重地由中火轉
為小火。

4 缽盆的側面也必須在溫熱
時刮下全部的砂糖，感覺
像是要使全部材料都在缽
盆中對流般地進行混拌。
＊烘烤並焦糖化的作業。

5 當杏仁被焦糖化至產生碎
裂時，熄火。
＊會碎裂，是因為杏仁膨脹
裂開，其中的水分變成蒸氣
釋放出的聲音。

6 攤放在矽膠墊（若無，則避免沾黏地使用刷塗了沙拉油的大理石）上。置於室溫17～18℃中冷卻。
＊放入冷藏室時，會吸收濕氣，所以置於室溫中。

7 上方是加熱前、下方是加熱後的切面。包含市售品，堅果類杏仁最需要大火加熱。杏仁的中芯，加熱至顏色越濃重，香氣也越好。

8 冷卻的狀態。
＊焦糖的苦和經過烘烤後杏仁的蛋白質香氣結合，就會變得更美味。

9 用食物切碎機（food cutter）碾磨。
＊用滾輪機碾壓時，大約這個粗細程度即可。

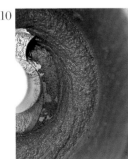

10 最後以食物切碎機製成膏狀時，必須要在油脂分離前停止。
＊浮出油脂時，使用前混拌使其乳化即可。

［以滾輪機碾碎時］

1 將左方步驟9的成品由缽盆中取出，以滾輪機碾壓2～3次。滾輪與滾輪的間距最初較寬，漸次地調整成狹窄。

2 視其狀態重覆作業至滑順，因摩擦生熱會使油脂浮出，盡量以較少次數完成作業。

榛果帕林內
Praliné aux
noisettes

分量

細砂糖sucre semoule —— 200g

水eau —— 60g

榛果（去皮）noisettes émondées —— 400g

4　攤放在矽膠墊上，置於室溫17～18℃中冷卻。

5　上方是新鮮的、下方是加熱後的切面。

＊不需像杏仁般大火加熱。必須注意過度加熱時，會使苦味更強化。

1　與P18的杏仁帕林內相同技巧進行製作。在銅製缽盆中放入細砂糖和水混合，加熱至110℃。熄火，加入榛果。

6　以食物切碎機碾磨。

＊以滾輪機碾壓時，大約這個粗細程度即可（→P19）。

2　邊晃動銅製缽盆，邊從底部翻起般混拌，使砂糖結晶化，至成為粒粒鬆散的狀態。

7　最後以食物切碎機製成膏狀時，必須要在油脂分離前停止。

3　結晶化後再次加熱，同樣地混拌加熱至焦糖化為止。

胡桃帕林內
Praliné aux noix de pécan

分量
細砂糖 sucre semoule —— 200g
水 eau —— 60g
胡桃 noix de pécan —— 400g

4 將3攤放在矽膠墊上，置於室溫17～18℃中冷卻。

上方是新鮮的、下方是加熱後的切面。
＊不需像杏仁般大火加熱。必須注意過度加熱時，會使苦味更強化。

5

1 與P18的杏仁帕林內相同技巧進行製作。在銅製缽盆中放入細砂糖和水混合，加熱至110℃。熄火，加入胡桃。

6 以食物切碎機碾磨。
＊以滾輪機碾壓時，大約這個粗細程度即可（→P19）。

2 邊晃動銅製缽盆，邊從底部翻起般地迅速混拌至結晶化，胡桃表面溝槽殘留白色砂糖為止。
＊因胡桃的顆粒較大，所以製作大量10kg時，切成大塊狀會比較容易進行。

7 最後以食物切碎機製成膏狀時，必須要在油脂分離前停止。

3 結晶化後再次加熱，同樣地混拌加熱至焦糖化為止。結晶化的砂糖融化後產生光澤即可。即使融化得略有不均也沒有關係。

芝麻杏仁帕林內
Praliné aux
amandes
et sésames

分量
細砂糖 sucre semoule —— 200g
水 eau —— 60g
杏仁（整顆／去皮）amandes émondées —— 250g
白芝麻 séames blancs —— 150g

1  與P18的杏仁帕林內同樣地在銅製缽盆中放入細砂糖和水混合，加熱至110℃。熄火，加入杏仁，邊從底部翻起邊強力混拌，使砂糖結晶化。

2  再次加熱，同樣地混拌加熱至產生焦糖化時，加入白芝麻。
＊依個人喜好使用黑芝麻也可以。

3  缽盆的側面也必須在溫熱時刮下全部的砂糖，並持續充分混拌至成為略濃稠的焦糖化。
＊混拌時必須注意避免芝麻燒焦。

4  將3攤放在矽膠墊上，置於室溫17～18℃中冷卻。
＊僅使用芝麻無法成為滑順狀態，所以要與杏仁混合搭配。

5  以食物切碎機碾磨。
＊以滾輪機碾壓時，大約這個粗細程度即可（→P19）。

6  最後以食物切碎機製成膏狀時，必須要在油脂分離前停止。

占度亞巧克力堅果醬
Gianduja

巧克力與堅果混合製成的膏狀成品

占度亞黑巧克力杏仁醬
Gianduja noir
aux amades

分量　完成時1100g
杏仁（整顆／去皮）amandes émondées ——— 500g
糖粉 sucre glace ——— 200g
黑巧克力（可可成分70%）
couverture noire 70% de cacao ——— 400g
＊隔水加熱至40～45℃融化。

POINT

占度亞巧克力堅果醬，不能殘留堅果的顆粒口感。

雖使用烘焙過的堅果，但為避免製成膏狀時出油，重點就在於充分冷卻。堅果與巧克力的組合，依個人喜好即可。

市售品堅果的比例是30～35%，比書中介紹的堅果比例低。堅果分量越多，相對也越美味。

1

以150～160℃的旋風烤箱烘烤杏仁約15分鐘備用。充分放至冷卻。
＊平爐烤箱則用180℃。

2

烘烤之後的切面，約是這個程度的顏色。

3

將完成過篩的糖粉和步驟1冷卻杏仁放入食物切碎機內，不時地停機將沾黏在側面的材料撥下，再開機切碎成粉狀。

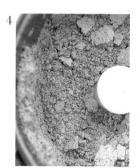

4 為縮短滾輪機碾壓的時間，和完成滑順的口感，切碎至這個程度。
＊此時若仍是粗粒，則無論滾輪機碾壓幾次，完成時都會留下不均勻的粒狀口感。

5 加入融化的巧克力攪拌。混拌至均勻即可。

6 在方型淺盤中舖上較大的保鮮膜，將5移入其中，薄薄地攤放後包覆，置於室溫下冷卻備用。以滾輪機碾壓（P25的7～9）。
＊因滾輪會產生摩擦熱，為避免釋出油脂，充分冷卻後減少碾壓次數，壓成薄片狀。

占度亞牛奶巧克力榛果醬
Gianduja lait aux noisettes

分量　完成時 1050g
榛果（整顆／去皮）noisettes émondées ── 500g
糖粉 sucre glace ── 150g
牛奶巧克力（可可成分40%）couverture au lait 40% de cacao ── 400g
＊隔水加熱至40～50℃使其融化。

1 以150～160℃的旋風烤箱烘烤榛果約15分鐘備用。充分放至冷卻。
＊平爐烤箱則用180℃。

2 烘烤之後的切面，約是這個程度的顏色。

3 將完成過篩的糖粉和步驟1的冷卻榛果放入食物切碎機內，不時地停機將沾黏在側面的材料撥下，再開機切碎。

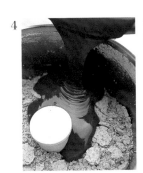

4 　待粉碎成粉狀後，加入
融化的巧克力。

9 　當碾壓出滑順狀態時，
即已完成。

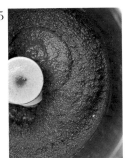

5 　攪拌至均勻混合為止。

6 　在方型淺盤中舖上較大
的保鮮膜，將5移入其
中，薄薄地攤放後包
覆，置於17～18℃的
室溫下冷卻備用。
＊因滾輪會產生摩擦
熱，為避免釋出油脂，
充分冷卻後減少碾壓次
數，壓成薄片狀。

7 　放入滾輪機碾壓2～3
次。滾輪與滾輪的間距
最初較寬，漸次地調整
成狹窄。
＊因摩擦生熱會使油脂
浮出。

8 　會掉落至下方容器內，
再重覆將其投入進行
碾壓。

甘那許
Ganache

鮮奶油或牛奶與巧克力乳化後
製成的膏狀成品

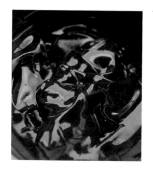

黑巧克力甘那許
Ganache noire

分量

鮮奶油crème fraîche —— 130g

黑巧克力（可可成分58%）couverture noire 58%
de cacao —— 220g

＊隔水加熱至40～45℃融化。

轉化糖sucre inverti —— 20g

奶油beurre —— 30g

＊置於室溫使其柔軟。

POINT

成為膏狀、具有光澤時，就是乳化完成。
入口時舌尖上的滑順口感即是最佳狀態。混
拌時若是飽含空氣，舌尖的口感也越差，所
以技巧就是混拌時避免空氣進入。

［以手攪拌製作］
最後以直立攪拌棒攪打使其滑順

1

鮮奶油加熱至70～
80℃。
＊一旦沸騰後水分會蒸
發，產生不同的質地。
少量製作時可用隔水加
熱法。

2

鮮奶油分3～4次加入
巧克力，畫圈地混拌。
加入後混拌至產生黏
性，成為膏狀時，再
繼續加入下一次的鮮
奶油。

3
邊轉動缽盆，邊以橡皮刮刀避免空氣進入，輕巧混拌。
＊一旦乳化，則由乳化處開始，擴展出連鎖性的乳化圈。

4
加入最後一次的鮮奶油時，也加入轉化糖，同樣地混拌。
＊也可以將轉化糖在步驟1時混拌至鮮奶油當中。

5
雖然水分變多，但會產生黏性，混拌後殘留的痕跡就是乳化的證明。待全體顏色均勻、出現光澤時即可。

6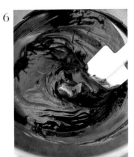
加入放至回復室溫的奶油，同樣地混拌。
＊奶油一旦融化，結構風味都會改變。室溫下軟化是混拌也不會融化，並且可以短時間拌勻的硬度。

7
移入有深度的容器，以手持攪拌棒（Stick Mixer）上下地攪打均質。為避免空氣進入，要注意攪拌棒的前端不可拉出液體表面。

8
過程中會成為較硬的流動狀態，攪拌的聲音也會不同。當拉起攪拌棒時，巧克力滑順地落下，就是已經確實完成乳化的判斷標準。

9
進行攪拌多少會有氣泡，只要是滑順且具光澤的狀態就沒問題。
＊之後的整型、分割則參照各食譜頁面。以P28、P29的方法製作時也一樣。

失敗例：產生分離狀態

理由：因為鮮奶油的溫度過低。鮮奶油的加熱溫度是70～80℃。溫度較此更低時，乳脂肪成分會凝固，再加上攪拌就會產生分離狀態。
溫度過高時，乳脂肪融化浮起，也會造成分離狀態。

［以食物切碎機製作］

食物切碎機空氣不易進入，又具攪拌力，可以確實使其乳化，所以不僅可以減少混拌不均的情況，也能更輕鬆地製作。

分量
以手攪拌（→P26）的2倍

1　將40～45℃融化的巧克力放入食物切碎機內，加入轉化糖。

2　在步驟1中分3次加入溫熱至70～80℃的鮮奶油。首先加入1/3攪拌。

3　水分與脂肪成分的平衡改變，看似成為分離狀態，當其變成膏狀時，就是接著加入下一次鮮奶油的時間點。

4　加入其餘鮮奶油的一半分量，同樣地攪拌。待成為膏狀時，再次加入其餘分量鮮奶油。

5　成為滑順狀態。
＊當液狀變成膏狀時，就是完成乳化的證明。

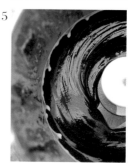

6　加入放至回復室溫的奶油，同樣地混拌。

［以真空超高速食物切碎機製作］

以真空狀態完全排除空氣。
每分鐘3000次的超高速轉動，可以使其乳化成更滑順的狀態。

分量
以手攪拌（→P26）的4倍

超高速轉動Stephan公司製造的食物切碎機（food cutter），可以真空進行。因機種的不同，也有鍋身具雙重構造，周圍可以加入冰水或熱水，用以保冰或保溫的機器。

1

將40～45℃融化的巧克力放入超高速食物切碎機內，加入轉化糖和溫熱至70～80℃的鮮奶油一半的分量，不使用真空地加蓋攪拌。

4

用計量器可以確認真空狀態。

2

大致乳化的狀態。

5

光滑的乳化狀態。加入切塊的奶油，以真空攪拌較長時間。這樣的分量，從步驟1開始至攪拌完成的時間約是5～10分鐘。

3

加入其餘的鮮奶油，以真空攪拌。
＊可避免空氣進入。空氣無法進入就能夠更確實地完成光滑的乳化狀態。

6

當表面有蜿蜒起伏的攪拌痕跡時，即已完成。舀起時，具有不會掉落的黏稠度就是完成乳化的判斷標準。
＊從可潺潺流動的狀態，變成凝固時的濃稠口感。

翻糖
Fondant

砂糖滑順地結晶化

POINT

使用純度較高的冰糖來製作。
為增添柔軟度和光澤地加入葡萄糖，但若是
翻糖略硬也無妨時，可以不用添加。

分量　完成時約700g
水eau —— 200g
結晶糖（小顆粒冰糖）sucre cristallisé —— 500g
葡萄糖glucose —— 80g

1

在鍋中放入水、結晶糖、葡萄糖加熱。
＊是否有加入葡萄糖，看完成翌日的硬度就能完全明瞭。添加的葡萄糖分量，以砂糖的30%為限。

2

用濕濕的刷子不時地擦拭鍋壁，加熱至117℃。用濕濕的刷子清潔鍋壁後，不要晃動鍋子，靜靜熬煮。
＊若一旦混入沾黏在鍋壁的結晶，會產生不均勻狀態而無法使用。

3

將步驟2倒入放有方框模的矽膠墊上。方框模會限制其流動。

4

冷卻至較人體皮膚溫度略低的程度。
＊在這個階段，若是呈現白濁狀態，可能是在熬煮糖漿時混入了鍋壁的結晶化砂糖，或是晃動時衝擊的結果。取出白濁部分加熱融化，或是捨棄白濁部分不用。

5

連同矽膠墊一起折疊，使其成為塊狀。

6

將步驟5放入裝上槳狀攪拌棒的攪拌機內，低速攪拌使其冷卻，攪拌至變成白色略有光澤的狀態。
＊在仍有透明感時持續攪拌。4.7L容量的攪拌機可以使用此2倍的量，至攪拌機容量的1/3量都OK。

7

過程中，暫停攪拌以刮刀刮下底部及側面，再次攪拌至呈現均勻的結晶化。可能光澤會略減，但變得雪白時即完成。
＊大量製作時，加入少許已經完成的翻糖，可以使其更快結晶化。

糖果用杏仁膏
Pâte d'amandes confiseur

製作糖果用的杏仁膏

杏仁與糖基本比例是1:2，但在此為強調風味，多加了杏仁。

裝飾用的杏仁膏，會使用較多的砂糖配方，使其容易彎曲整型，但製作方法是相同的。

分量

細砂糖 sucre semoule —— 400g

水 exu —— 200g

葡萄糖 glucose —— 150g

杏仁（整顆／去皮）amandes émondées —— 300g

1　細砂糖、水和葡萄糖放入單柄鍋內加熱，熬煮至120℃。
＊110℃的狀態無法久置，而且水分會滲入杏仁當中，所以要加熱至產生黏性的120℃。

2　杏仁以食物切碎機碾磨成粗粒。

3　將1加入步驟2大致攪拌，混合即可。

4　在方型淺盤中舖上保鮮膜，將3移入後包覆，為使其快速冷卻，攤開成為平坦狀。置於室溫下，冷卻至觸摸時不會感覺熱的程度，並變硬。

5　以滾輪機碾壓。邊縮小滾輪間距地碾壓2～3次，碾壓至成為滑順的膏狀。沒有滾輪機時，避免浮現油脂，以食物切碎機碾磨（但顆粒會比較粗）。

軟焦糖
Caramel mou

柔軟地完成就是軟焦糖

分量　26cm方型、高5mm方框模1個

鮮奶油 crème fraîche —— 500g

香草莢 gousse de vanille —— 1根

細砂糖 sucre semoule —— 400g

葡萄糖 glucose —— 150g

細砂糖 sucre semoule —— 100g

奶油 beurre —— 25g

＊置於室溫使其柔軟。

鹽之花 fleur de sel —— 3g

＊使用含鹽奶油時，也加入少量鹽會比較好。

POINT

加熱至120℃製成。

硬焦糖 Caramel dur 是加熱至122 ～ 125℃製成，不適合巧克力。

1　將鮮奶油、刮出的香草籽連同香草莢一起放入鍋中，加入400g細砂糖及葡萄糖加熱。

＊葡萄糖是為使焦糖完成時呈現滑順狀態而添加。

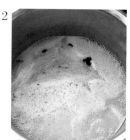

2　使鮮奶油沸騰以融化砂糖和葡萄糖。

＊要配合步驟6焦化的狀況，讓鮮奶油達到沸騰。

3  在另外的鍋底放入100g的細砂糖攤開，以小火加熱。為避免在步驟6中加入鮮奶油時產生外溢，使用較深的鍋具。

4  會從周圍開始受熱，為使受熱均勻，必須不時攪拌。
＊過度混拌，會容易因衝擊而產生結晶化。

5  確實生煙使其焦糖化。
＊焦糖的味道，是由砂糖的焦化程度來決定。

6  當細小的氣泡覆蓋在全體表面時，熄火，少量逐次地加入沸騰的步驟2並混拌。

7  全部加入後，再次加熱，邊用刮刀由底部刮起般翻起混拌，邊進行加熱。使焦糖完全融化的步驟。

8  混拌後不會沾黏在刮刀即可熄火，過濾。按壓濾網上的香草莢，使香草籽落下地按壓。

9  將8倒回7的深鍋加熱，避免底部燒焦不斷混拌，熬煮至120℃。
＊軟焦糖要熬煮至120℃，緩慢地混拌。

10  待120℃時熄火，加入放至回復室溫的奶油、鹽，充分混拌。
＊將甜度控制在恰到好處，並烘托出風味，就是鹽的作用。鹽之花還能增加口感上的樂趣。

11  將10倒入放置在矽膠墊上26cm，5mm高的方框模（或以鐵棒圍住）之中，置於室溫冷卻。
＊會吸收濕氣，所以不放入冷藏室。

蒙特利馬牛軋糖
Nougat de Montélimar

白色的牛軋糖，含有28%以上的杏仁、
2%以上的開心果

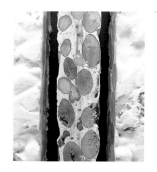

分量
杏仁（帶皮）amandes brutes —— 420g
開心果 pistaches —— 145g

義式蛋白霜 meringue italienne
　細砂糖 sucre semoule —— 290g
　水 eau —— 100g
　葡萄糖 glucose —— 140g
　蜂蜜 miel —— 380g
　蛋白 blanc d'œuf —— 50g
　乾燥蛋白 blanc d'œuf séché —— 3g
　細砂糖 sucre semoule —— 25g
　轉化糖 sucre inverti —— 10g

POINT

硬度，也就是水分蒸發的程度，可依個人喜
好調整，但必須攪拌至不會拉絲，可以滾成
圓形的狀態是製作的重點。

1　杏仁以150～160℃的旋風烤箱烘烤15分鐘備用（照片為切面）。在製作牛軋糖前將開心果和烤好的杏仁放入100℃的烤箱溫熱（約30分鐘）。100℃是開心果不會烤焦的溫度。

2　用糖漿和蜂蜜製作義式蛋白霜。首先將290g的細砂糖、水和葡萄糖放入單柄鍋中加熱。待加熱至120℃時，在另一個鍋中放入蜂蜜加熱。不時地以濕濕的刷子擦拭鍋壁。

3　在2的砂糖、水和葡萄糖加熱的同時，將蛋白、乾燥蛋白、25g細砂糖和轉化糖放入攪拌缽盆中，以中速攪拌。

4　接著加入蜂蜜和糖漿，為避免加入時飛濺，將速度轉為低速，用噴槍溫熱攪拌缽盆的側面後，再放入步驟2加溫至120℃的蜂蜜。

5　接著倒入以砂糖熬煮至165℃的糖漿，全部加入後轉為高速。邊用噴槍溫熱攪拌缽盆的側面邊進行打發。
＊噴槍溫熱的目的在於加速水分的蒸發。

6　攪拌至會留下球狀攪拌棒的痕跡、產生黏性之前，改以槳狀攪拌棒攪拌。

7　再繼續攪拌20分鐘，使水分揮發。過程中停下攪拌機確認硬度。

8　取下少量滾圓時若不會拉絲，可以滾成圓形即OK。會沾黏或會拉絲，就必須繼續攪拌使水分揮發。

9　將步驟1溫熱的堅果加入由攪拌機取下的7當中。

10　用刮刀粗略混拌，取出放在矽膠墊上。
＊若太硬則以噴槍加溫，使其能從缽盆中剝離後取出。

11　將10揉和般地整合，以擀麵棍邊整型邊擀壓成15～20mm的厚度。趁著還沒有硬到無法切分時，切成適當的大小。

水果軟糖
Pâte de fruit

用果膠凝固水果泥製成

洋梨軟糖
Pâte de fruit poire

分量　20cm方型、高1cm的方框模1個
洋梨果泥 purée de poire —— 400g
＊洋梨罐頭的果肉打成泥狀。
洋梨罐頭汁 sirop de poire en boîte —— 160g
果膠 pectine —— 13g
細砂糖 sucre semoule —— 40g
葡萄糖 glucose —— 160g
細砂糖 sucre semoule —— 480g
酒石酸溶液 solution d'acide tartrique —— 9g

POINT

果膠是利用酸與砂糖的平衡使其凝固。所以若以強酸的檸檬，和高甜度的香蕉製作時就非常困難。

製作水果軟糖時，邊混拌邊以中火緩慢加熱，使砂糖確實溶入果泥中就是製作的重點。

1 將洋梨果泥和罐頭汁放入單柄鍋中，加溫至40℃。溫熱即可。

2 在小缽盆中放入果膠和40g細砂糖混拌。
＊果膠與果泥等直接接觸時會很容易結塊，先與材料中的部分砂糖混合備用。

將2加入溫熱至40℃的
1當中混拌。
＊因為容易結塊，所以
分散地撒入。

加入以隔水加熱溫熱的
葡萄糖，煮至沸騰。
＊為能加入正確的分
量，葡萄糖在加入前才
溫熱，以具流動性的狀
態加入。

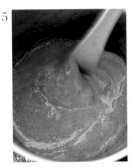

加入480g的細砂糖混
拌。果泥中混入砂糖需
要花較長時間才能溶
化，所以避免燒焦，邊
以刮刀混拌邊緩慢地
加熱。

邊混拌邊以中火加熱至
107℃。熄火，加入酒
石酸溶液後充分混拌。
＊這個分量約需要15分
鐘，若太快加熱，完成
時會呈現濃稠且保存性
差。如果有氣泡會導致
口感不佳，所以要避免
空氣進入，混拌。

將6倒入20cm的方框
模當中，置於室溫下冷
卻凝固。小型軟糖切成
5mm方塊、直接食用
時切成10mm方塊，依
用途調整厚度。

百香果軟糖
Pâte de fruit de la Passion

分量　20cm方型、高1cm的方框模1個
百香果泥 purée de fruit de la Passion —— 400g
杏桃果泥 purée d'abricot —— 70g
果膠 pectine —— 12g
細砂糖 sucre semoule —— 50g
葡萄糖 glucose —— 120g
細砂糖 sucre semoule —— 500g
酒石酸溶液 solution d'acide tartrique —— 4g

1　將兩種果泥放入鍋中，加溫至40℃，混合果膠和150g細砂糖後，邊分散撒入邊混拌。

2　與洋梨軟糖（→P36）步驟4～6相同技巧，加入葡萄糖和500g細砂糖，緩慢地加熱至107℃，熄火，加入酒石酸溶液混拌。

3　與洋梨軟糖的步驟7相同，倒入框模中，冷卻凝固。

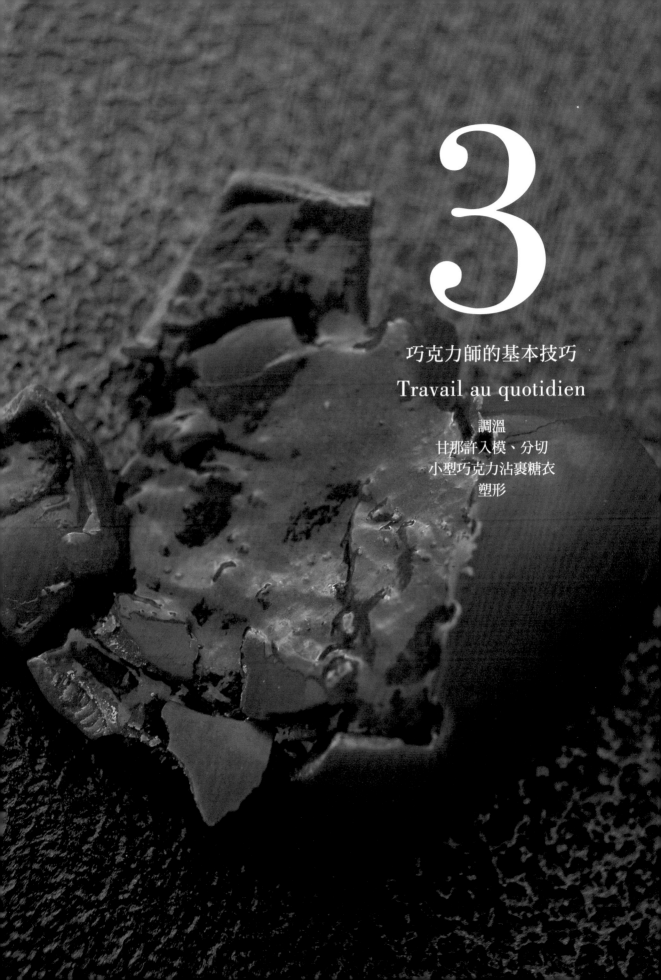

3

巧克力師的基本技巧
Travail au quotidien

調溫
甘那許入模、分切
小型巧克力沾裹糖衣
塑形

調溫
Tempérage

為何必須要調整溫度呢？

巧克力是可可脂凝固成固態而成，但即使可可脂成為固態，也仍保有因溫度而改變其中分子排列方式的性質。會有緊密排列成固態的溫度，也會有呈現不安定排列方式的時候。僅融化時，就會呈現不安定的排列方式，而且加上緩慢的凝固，所以結晶分子之間會相互沾黏而變大、不均勻，也會失去光澤。所以用人為方式，製作出使分子緊密安定排列的結晶化溫度（結晶點），才能製作出滑順且具有光澤的成品，這個作業就稱為調溫（溫度調整）。

POINT

粒子緊密且均勻並排時，也能均勻穩定地反射光線，所以能呈現光澤，調溫過的巧克力會呈現光澤狀態也是這個原因。

此外，調溫過的巧克力具有迅速凝固的特性，也容易脫模。

當出現沒有光澤、不易脫模、口感不良等狀況時，也可說是失敗的調溫。

想長時間保溫時，置於較作業溫度略低1～2℃的環境中，使用時再回到作業溫度即可。

＊保溫的溫度過高時，會破壞好不容易完成的結晶化組織，所以必須放置在略低的溫度下。

［調溫的過程］

調溫的手法，如下頁所介紹，有3個步驟。基本上會以這3個步驟來進行溫度的調整。

❶ 融化溫度
以可以融化所有成分的溫度來融化巧克力。
❷ 結晶點
將溫度降至分子會整齊、並緊密地排列，開始結晶化的溫度。
❸ 作業溫度
為避免作業過程中凝固，略提高溫度。
＊過程中若開始出現斑駁不均勻時，必須從頭開始重新修正。

種類（覆蓋巧克力）	融化溫度	結晶點	作業溫度
黑巧克力	45～50℃	27～28℃	31～32℃
牛奶巧克力	40～45℃	26～27℃	28～29℃
白巧克力	40～45℃	25～26℃	26～28℃

牛奶與白巧克力的結晶點較低，是因為含有妨礙結晶化的乳蛋白（→P10），因此相較於黑巧克力，較不容易變硬。並且，表格上的溫度也會因巧克力的種類或製品，而有微小的差異（詳細狀況可以詢問廠商）。

巧克力的融化方法、冷卻方法
—— 水分是嚴禁物質

為避免過度高於巧克力融化溫度，以隔水加熱使其融化。此時，為防止熱氣進入巧克力，也為避免熱水噴濺，基本上隔水加熱會使用比巧克力缽盆小一點的鍋子。這是因為水分會吸附巧克力當中的糖分，導致糖分浮出表面呈現白霧狀而破壞巧克力的組織，造成口感不均的狀態。

墊放冰水時，也同樣要避免下方缽盆的水分濺入巧克力當中。

1 桌面調溫 Tablage

最適合用於大量製作

一次的調溫分量

黑巧克力converture noire ── 1kg以上

＊沒有保溫器時分量必須達2kg。
＊隔水加熱45～50℃融化。白巧克力、牛奶巧克力的融化溫度過高時，會使乳蛋白因而凝固，所以要多加注意。

1 將融化成適當溫度的巧克力3/4的分量倒至大理石檯面上，以刮板將其推展開。其餘用作溫度調整用。
＊大理石檯面先以酒精消毒後，擦拭至完全沒有殘留水分後待用。

2 推展開的巧克力，以大型刮板由周圍朝中央聚攏。推展開的巧克力面積，若分量多時，則推展成大面積可以使溫度容易降低；分量少時，則避免溫度過於快速降低，推成較小的面積。

3 聚攏巧克力時沾在大型刮板上的巧克力，用其他的刮板將其刮落。重覆步驟2的作業，使巧克力向中央集中。

4 再次推展開巧克力，重覆2～3的推展作業，使溫度逐漸降低。
＊避免將巧克力一直留置在同一個位置，使溫度均勻降低的步驟。

5 當流動性變低，刮板的痕跡不會消失，殘留在表面時，即縮小推展的面積，以調整冷卻方式。用手指確認溫度。

6 碰觸後，當溫度低於人體皮膚溫度時（27～28℃），一口氣加入剩餘1/4的分量混拌。
＊這個時候就是「結晶點」，結晶開始整齊排列的溫度。大理石檯面上彷彿沒有任何東西般地將巧克力乾淨地刮起。

7 碰觸以確認溫度上升。
＊每次都以自己的皮膚來記住各別的溫度。

8 以手持攪拌棒將空氣趕出來，使其呈現滑順狀態。
＊製作小型巧克力糖果時，一旦當中留有空氣就會產生空洞。

9 光滑地完成製作。放入保溫器內，儘量保持32℃左右的「作業溫度」。
＊沒有保溫器時，就增加分量使其溫度不易降低。

2　使用冰水 Sur glaçon

即使少量也能製作。且不會弄髒大理石檯面

一次的調溫分量

黑巧克力 converture noire ── 適量 Q.S.

＊隔水加熱45～50℃融化。
　牛奶巧克力是40～50℃時融化。
　這樣的方法，即使是100g、或1kg都能進行。

1　用冰水墊放在裝有融化巧克力的缽盆下，以橡皮刮刀將接觸冰水的底部刮起般，邊混拌邊使溫度降低。必須注意避免過度用力造成水分的噴濺。

2　移除冰水，從底部充分的翻拌，使全體溫度均一。

3　重覆1～2的動作使巧克力成為甘那許狀。

4　成為甘那許狀，觸摸的溫度較人體皮膚溫度低，有涼感時，改以隔水加熱並充分混拌。

5　重新成為流動狀。觸摸的溫度較人體皮膚溫度高時，即OK。成為具光澤的滑順狀態即完成。若有氣泡時，可以使用手持攪拌棒將空氣趕出來。

溫度的確認

當巧克力溫度降低至接近結晶點時，是比人體皮膚溫度低，具有涼感的溫度。升高至作業溫度的時候，是接近人體皮膚溫度。這些溫度以手指或嘴唇確認，並且必須記住這個感覺。

3 加入切碎的巧克力
Ensemencement

緩慢地降低溫度的方法，
至結晶化也需較長的時間

一次的調溫分量
黑巧克力 converture noire ── 適量 Q.S.
＊切成細碎。或是錢幣狀產品。

1　隔水加熱3/4分量的巧克力，避免空氣進入，邊以橡皮刮刀緩慢混拌加熱至45～50℃（牛奶、白巧克力則是40～45℃），使其融化。
＊不要過度混拌。

2　待粒狀完全消失後熄火，未均勻融化之處利用餘溫使其完全融化。
＊少量時只要融化即可，但大量時，就必須確認溫度。大量製作請以調溫機進行融化。

3　離火，加入其餘的巧克力，以橡皮刮刀緩慢地混拌降低溫度。待大致混拌後，略加放置以消除融化不均的狀況。
＊因室溫或巧克力的溫度，也會改變後續的添加量。最後以溫度計量測的溫度介於結晶點和作業溫度之間即可。

4　以手持式攪拌棒混拌以消除氣泡。這個階段觸摸時，溫度接近人體皮膚溫度即可。
＊緩慢地降低溫度，所以也會延緩結晶化的速度。因此沒有必要提高作業溫度，無論少量或大量製作，都可以使用的方法。

［調溫的測試］

1　調溫完成時的巧克力，以塑膠刮板舀起時會薄薄地附著。放入冷藏室1～2分鐘，或置於17～18℃室溫下2～3分鐘。

2　瞬間觸摸時不會沾黏的狀態即是成功。
＊即使過了結晶點，但最後溫度過高時，也會釋出無法凝固的部分，導致失敗。

失敗例：浮出白色的線條

理由：因為溫度過度升高
結晶點、作業溫度過高時，無法凝固的可可脂會浮出在表面，略呈白色。這就是「脂斑、脂霜 Fat Bloom」現象。另外，即使確實進行了調溫作業，但長時間放置於冷藏室等吸收濕氣，水分吸收了巧克力中的糖分，同樣也會略呈白色。這就稱為「糖斑、糖晶 Sugar bloom」。

043

甘那許入模、分切

[倒入模型]

POINT

為了能俐落地切開柔軟的甘那許，或避免切割器（Guitar Cutter）沾黏上甘那許，在切割前先在表面薄薄地刷塗上融化的巧克力使其凝固，就是稱作塗抹（chablonner）的作業。塗抹（chablonner）是手工切割時的必要步驟。

此外，用於小型糖果bonbon的內層，像是水果軟糖或牛軋糖等，也必須要分切。

為使水果軟糖不致沾黏在切割器上，會在表面先撒上細砂糖再進行切割。

1　將甘那許倒入放置在矽膠墊上的方框模中，以刮刀輕輕地將其均勻推開攤平。
＊沒有方框模時，可以鐵棒圍起再倒入。

2　用大型刮板刮平使其均勻，放置於17 ～ 18℃的室溫下凝固。
＊放入冷藏室凝固會吸附濕氣，所以置於室溫下。

[以切割器分切]

* 切割器是在不鏽鋼或鋁製的座台上，拉緊了數根鋼線，常用於切割甘那許、水果軟糖等。

1 在變硬的甘那許側面四周插入刀子，脫去方框模，將加熱至40～45℃的巧克力線狀地倒在反面。

　＊方框模也可以在進行步驟4之前才脫模。

2 也可將巧克力長條擺放在薄板上，長抹刀翻面盛上融化巧克力，以取代線狀倒入。

3 將盛在反面的巧克力薄薄地推展塗抹在全體甘那許表面（chablonner）。變硬即可。

　＊柔軟的甘那許，則需兩面塗抹。水果軟糖，為避免沾黏在切割器上，在表面撒上砂糖後再進行分割。

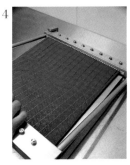

4 預先調整好切割器的鋼線寬度。將3取出放在薄板上，置於切割機上，分切。分切後先清潔鋼線的部分。

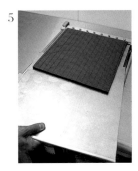

5 將4的甘納許薄板取出，方向轉動90度，同樣地分切。

　＊因甘那許的形狀容易崩壞，所以請使用金屬製的薄板進行此步驟。

[以刀子分切]

1 與切割器分切時同樣地用融化的巧克力薄薄地塗抹（chablonner），觸摸而不會沾黏時，就用刀子沿著框模的邊緣劃入一圈脫模。

　＊脫模後再薄薄地塗抹（chablonner）也可以。

2 先標出記號，用噴槍溫熱刀子，切去邊緣多餘的部分，再分切成所需的大小。

　＊每次都要先拭去刀刃上沾黏的巧克力，並以噴槍溫熱刀身後分切。

小型巧克力沾裹糖衣
Enrobage de chocolat

POINT

小型巧克力糖果是以甘那許或帕林內等固態的小型糖果為夾層（基礎風味），包覆用的巧克力如薄膜般覆蓋。

並且，置於17～18℃的室溫下緩緩凝固。

3 使上方也能覆蓋巧克力地翻動叉子。

4 由下方舀起，以滴落上下多餘的巧克力。

1 分切、整型小型糖果的夾層，放入完成調溫（→P40）後的巧克力中。
＊調溫巧克力是1kg以上，沒有保溫器時需要2kg，才能保持在一定的溫度。

5 以同樣的動作移至缽盆的邊緣，再次滴落多餘的巧克力。

2 一旦浸入後，以專用的叉子翻面，使表面完全浸入。
＊藉由翻面浸入將夾層表面部分的空氣排出，使巧克力能均勻附著。

6 將5放置在舖有烤盤紙的板子上，拉出叉子。置於17～18℃的室溫下一夜，使其緩慢凝固。

[用貼片使表面產生光澤]

沾裏的小型巧克力糖上面，立刻貼上膠狀貼
片，可以使黏貼的表面產生光澤。貼片以綿
布擦拭掉灰塵，戴上手套切成所需的小片使
用。室溫下緩慢凝固後，再撕除貼片，就能
完成沒有沾附上濕氣的漂亮外觀。

除此之外，也有以色粉繪製上圖騰或花紋的
轉印貼紙、或有凹凸紋路的貼紙，也能用來
形成線條或水珠狀等圖案。

＊室溫高時，可放入冷藏室10分鐘，使表面凝固後
　再撕除貼片。

以機器沾裏糖衣時
—— 使用巧克力噴覆機（enrobeuse）

放在滾輪輸送帶（belt conveyor）使其邊移動
邊將甘那許等沾裏上覆蓋用巧克力。相較於
手工作業，更能均勻輕薄地如薄膜般沾裏。

照片是在工廠中使用的大型機
器。左邊是放入口、右邊是出
口。在專門店內也會使用小型
機器。

1 首先在投入口的網架上
留有間距地排放甘那
許（巧克力糖果的夾層）
等。以滾輪輸送帶朝出
口方向移動。

2 在機器中央位置放置調
溫過的巧克力桶，會以
每個定量的融化巧克力
覆蓋在甘那許表面。

3 從上方的空氣口吹入暖
空氣，滴落下多餘的巧
克力，形成薄膜。

4 完成沾裏作業後的小型
糖果依序由出口送出。

塑形
Moulage en chocolat

基本的塑形
——— 以黑巧克力

分量
黑巧克力converture noire ——— 適量Q.S.
＊完成調溫後（→P40）在31～32℃下使用。

POINT

是享用小型糖果中芯夾層為主的成品，所以
重點是覆蓋巧克力要以薄膜方式呈現。敲扣
模型側面等各種步驟就是重點技巧。
而且放入模型後，刮除表面附著多餘巧克力
的最佳時間點，是當其凝固成黏土狀時。若
是使用容易凝固的黑巧克力，更必須及早
確認。

預備
以手指捲起棉布或柔軟
的布巾，仔細清潔模型
溝槽，除去指紋和灰
塵。巧克力最大的敵人
就是水分。使用清洗並
充分擦拭乾淨的模型。

1　　缽盆內調溫過的巧克
力，用湯杓等倒滿模
型中。

2　　以刮板刮平表面。
＊確實完成調溫的巧克
力會立刻凝固。在巧克
力仍柔軟時刮平。

3　　將2放置在工作檯上，
一手壓著外側，將靠近
身側的模型向下咚咚地
敲扣。

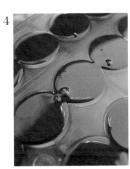

4 敲扣時就能看到釋出的氣泡。步驟3的動作可以讓巧克力不會集中地擴散，目的是為了讓進入溝槽等的空氣浮起釋放。

5 翻面在缽盆上方舉起4，輕輕敲扣模型側面，甩落多餘的巧克力後，用刮板刮平表面的巧克力。

6 翻轉模型，由下方向上望去，薄膜可以透視模型溝槽線條的程度。

7 在烤盤紙上放置2根相同厚度的鐵棒，將6的模型朝下架在鐵棒上。暫時放置。
＊為了使底部不致沾黏的凝固法。

8 輕輕按壓確認硬度。特別是黑巧克力的凝固較快，所以要及早確認。

9 用手指按壓，待至黏土狀的硬度時，以刮板一口氣地刮平表面。
＊為避免碎屑掉入模型當中，一氣呵成地進行刮平。

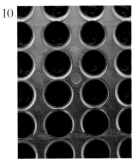

10 確實完成的狀態。避免灰塵進入，翻面放置於烤盤紙上，使巧克力完全結晶化。之後，倒入中芯夾層，依序進行作業。

失敗例：覆蓋巧克力的邊緣有缺角

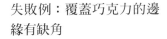

理由：因為在步驟9的作業中，變硬後才刮平表面
過硬才進行刮平時，會產生破損或缺角等。

噴霧＋塑形

—— 以白巧克力

分量

白巧克力 converture blanche —— 適量 Q.S.

＊完成調溫後（→P40）在 26～28℃下使用。

黑巧克力的噴霧 pistolet de converture noir

（→P222） —— 適量 Q.S.

1 模型與 P48 同樣地預備待用。

作業場所用厚紙箱等圍住，將溫度調整成 31～32℃的黑巧克力噴霧噴撒至模型中。

2 薄薄地噴撒。稍加放置至觸摸時不會沾黏為止。

＊也可以將色粉混拌至噴霧用的巧克力中，以此噴撒。

3 待不會沾黏後，立刻用湯杓等將完成調溫的巧克力倒滿模型。用刮板刮平表面。輕輕敲扣側面、底面，使空氣排出。

4 在巧克力缽盆上方翻面。由模型的側面輕輕敲扣，以甩落多餘的巧克力。

＊過度敲扣會導致薄膜太薄。

5 在方型淺盤等上方，使用刮板刮平倒出的巧克力。

＊因為當中混拌著噴霧巧克力，請避免混入白巧克力中。

6 基本的塑形與 7 相同（→P49），模型朝下架在鐵棒上使底部不致沾黏。

7 觸摸確認凝固。白巧克力也是與黏土相同硬度即可。表面凝固，但按壓時會下陷，則必須再略加放置。

8 待至黏土狀的硬度時，以刮板一口氣地刮平表面。

＊為避免碎屑掉入模型當中，一氣呵成地進行刮平。

9 由底部看去時，模型的溝槽部分可以透視，能看出黑巧克力映著白色覆蓋巧克力的狀態。與 P49 的步驟 10 同樣地凝固。

色粉＋塑形
—— 以牛奶巧克力

分量
可可脂beurre de cacao —— 適量Q.S.
＊融化。
紅色巧克力用色粉
colorant rouge pour décor de chocolat（→P224）
—— 適量Q.S
牛奶巧克力converture au lait —— 適量Q.S.
＊完成調溫後（→P40）在28～29℃下使用。

1 模型與P48同樣地預備待用。
可可脂和色粉混合，將溫度調整成27～30℃以手指蘸取巧克力用色粉，轉動手指地塗抹在模型中。
＊呈現出的不規則感也是一種趣味的表現。

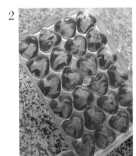

2 放至可可脂確實凝固。雖然可可脂不易凝固，但觸摸時呈現粗粒感即可。

3 以下與P48～49相同的作業。將完成調溫的巧克力倒入模型，用刮板刮平表面。輕輕敲扣下面，使空氣排出。

4 將模型翻面，舉起倒出巧克力。從模型的側面輕輕敲扣，以甩落多餘的巧克力。

5 在方型淺盤等上方，使用刮板刮平倒出巧克力。

6 架放在2根鐵棒上，使巧克力不致沾黏。牛奶巧克力凝固成黏土狀即可。

7 以刮板一口氣地刮平表面，使表面乾淨平整。

8 確實完成沾裹覆蓋。與P49的步驟10同樣地凝固。

覆蓋

將甘那許放入塑形完成的模型中，
覆蓋上巧克力。

1 　在完成塑形的巧克力模型中，填放甘那許等中芯夾層，放置半天至一晚，待表面呈包覆狀態時，再於模型表面覆蓋上完成調溫的巧克力。

＊計算出覆蓋的厚度，在填入中芯夾層時，在模型中預留這個部分（大約是2mm左右）。

2 　尚未凝固時，用刮板刮平表面及側面，除去多餘的巧克力。

3 　室溫下即使觸摸也不會沾黏時，再次均勻地覆蓋上巧克力，同樣以刮板刮平多餘的巧克力。

＊薄薄地確實進行覆蓋上2次的巧克力。

4 　放入冷藏室約15分鐘後，模型朝下地敲扣，使其脫模。保存於17～18℃的室溫下。

＊因為會吸附濕氣，所以僅在冷藏室冷卻約15分鐘。

4

多樣的小型巧克力糖
Bonbons de chocolat

01

經典小型巧克力糖
Bonbons classiques

不使用模型、基本小型巧克力糖
最常見的經典類型

君度橙酒風味的松露巧克力
TRUFFE AU COINTREAU

甘那許表面撒上可可粉

分量　直徑3cm　30個

⊙甘那許 ganache

鮮奶油 crème fraîche —— 150g

轉化糖 sucre inverti —— 15g

黑巧克力（可可成分58%）couverture noire 58%
de cacao —— 300g

＊隔水加熱至40℃使其融化。

君度橙酒 Cointreau —— 30g

奶油 beurre —— 70g

＊置於室溫至回復柔軟。

⊙覆蓋用 pour enrobage

黑巧克力（可可成分58%）couverture noire 58%
de cacao —— 500g以上

＊融化。

可可粉 cacao en poudre —— 適量 Q.S.

1 製作甘那許。將轉化糖與
加熱至70～80℃的鮮奶
油一起，分3～4次加入
黑巧克力中混拌。

2 待混拌成膏狀後，接著再
加入鮮奶油混拌。
＊這個程度的分量，以手工
製作會比較快。

3 乳化後加入君度橙酒混拌。

4 雖然會一度變成液狀，但
還是會再乳化並產生光澤。

5

加入在室溫下放置成軟膏狀的奶油混拌。

＊加入酒類會使其緊實，所以奶油放至略柔軟狀態後加入。

6

移至較深的容器，以手持攪拌棒將奶油混拌至完全均勻的程度。

＊隨著乳化會使材料變硬，所以也不能過度混拌。

7

用直徑10mm的圓形花嘴，在烤盤紙上將6擠成60個直徑3cm的圓。置於17～18℃下，放置12小時。

＊手的熱度會使甘那許融化，擠花袋內不要放太滿。

8

待其凝固後，戴上手套，將7的兩個半圓平面貼合。

＊這個大小是可一口食用，10g以下最為理想。

9

以兩手的手掌滾圓。只要貼合凝固即可。

10

凝固後，再次滾圓。

＊松露巧克力本來就是略不規則的形狀，所以無需做成完全一致的圓。若過度柔軟時，則可放入冷藏室2～3分鐘使其緊實。

11

將10放入融化的巧克力中，使其浸入。

＊因為會撒上可可粉，所以巧克力可以不需調溫。但調溫過的巧克力可以更快凝固。

12

以圈匙舀起，上下擺動以甩落多餘的巧克力。

13

放至裝有可可粉方型的淺盤內，以圈匙輕巧地裹上可可粉。

14

連同方型淺盤一起晃動使其沾裹可可粉。

＊過度搖晃會造成巧克力外型的損壞，必須注意。

15

稍加放置，使其結晶化後，連同可可粉一起滾圓整型，排放在托盤上。

＊在室溫下可保存六週。

肉豆蔻巧克力
MUSCADINE

表現出肉豆蔻果實表面的花紋與特徵

分量　3.5cm長　約60個

⊙甘那許 ganache

牛奶巧克力（可可成分38%）

couverture au lait 38% de cacao —— 100g

＊隔水加熱至35～40℃使其融化。

可可脂 beurre de cacao —— 80g

鮮奶油 crème fraîche —— 100g

葡萄糖 glucose —— 60g

占度亞牛奶巧克力榛果醬

gianduja noir aux noisettes（→P24）—— 100g

＊放至回復常溫。但盛夏時需冷藏。

榛果帕林內 praliné aux noisettes（→P20）—— 160g

＊隔水加熱融化。

君度橙酒 Cointreau —— 40g

⊙覆蓋用 pour enrobage

黑巧克力（可可成分58%）

couverture noire 58% de cacao —— 1kg

＊調溫。

糖粉 sucre glace —— 適量 Q.S.

1	2	3	4

製作甘那許。在融化的牛奶巧克力中加入可可脂混拌。 ＊之後需要冷卻，所以先用略低的融化溫度進行。	鮮奶油和葡萄糖放入鍋中加熱，溫熱至70～80℃時，熄火。	將占度亞牛奶巧克力榛果醬加入步驟2，以橡皮刮刀混拌使其融化。	加入榛果帕林內再次混拌。改以攪拌器充分混拌。

5

將4少量逐次地加入1當中，以橡皮刮刀緩緩地混拌。

＊一口氣全部加入會使溫度降低，可可脂因而凝固，所以要少量逐次地加入。

6

加入君度橙酒，同樣地混拌。並不是要使其乳化，只要拌勻即可。

7

連同缽盆一起墊放冰水，由底部舀起般地混拌。

＊大量製作時可以放入冷藏室，或在大理石檯面上進行作業。

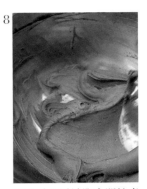

8

某個時間點油脂會開始產生黏性，變成低光澤度。為避免產生溫度差異，不斷地混拌全體，待呈黏土狀時，立刻移除冰水。

9

用直徑12mm的圓形擠花嘴，將8迅速在矽膠墊上，絞擠成約40cm長的7根長條狀，放入冷藏使其緊實。

10

以噴槍溫熱的刀子，切成3.5cm的長度，1個約是8g，希望每個是在10g以下。放入冷藏室使其緊實，使用前再放至回復常溫。

11

將回復常溫的10放入調溫過的黑巧克力當中，翻面使其浸入。

12

叉子橫向動作使巧克力均勻浸入。用叉子舀起，上下晃動甩落多餘的巧克力。

13

以缽盆的邊緣刮落巧克力，放入裝在方型淺盤的糖粉中。略放置待表面呈現低光澤狀的凝固為止。

＊柔軟狀態時，進行14的步驟形狀就會崩壞。

14

待表面呈現低光澤狀凝固時，以叉子用糖粉按壓在甘那許的側面並轉動，使其呈現帶有線條的紋路。

15

當觸摸14為凝固狀態時，移至網篩中甩落多餘的糖粉。但仍要使糖粉如照片般確實沾裹。

＊在室溫下可保存六週。

經典四果巧克力
MENDIANT CLASSIQUE
ROND

令人聯想到四個托缽修會僧侶的衣著顏色，
裝飾著堅果和乾燥水果的成品

分量　直徑3cm的圓形44個　＊使用厚1.5mm、直徑3cm的特製巧克力底模（chablon mold）（圓模）。
⊙底部、沾裹覆蓋用 pour base et enrobage
＊底部的巧克力1個約1.5g左右。
牛奶巧克力（可可成分38%）couverture au lait 38% de cacao ── 2kg
黑巧克力（可可成分58%）couverture noire 58% de cacao ── 2kg
＊上述的兩種巧克力，作為底部使用的是以40℃融化或調溫，覆蓋用則是完成調溫備用。底部用的約500g即可。

焦糖杏仁 amandes caramélisées ── 1粒／1個
焦糖榛果 noisettes caramélisées ── 1粒／1個
＊參照P65的焦糖杏仁碎，以上述的兩種堅果粒製作，分別以相同配方和技巧進行。
開心果 pistaches ── 1粒／1個
杏桃乾 abricots secs ── 1片／1個
葡萄乾（金黃）raisins blonds ── 1粒／1個

1 模型溫熱至不再冰冷，放置在舖有烤盤紙的托盤上。將融化的牛奶巧克力倒入模型的附屬容器內。

＊模型冰冷時，巧克力會立刻凝固不易推展。

2 滑動倒入巧克力的容器，使巧克力能被推展至圓形凹槽中。

＊若無模型時，也可將巧克力薄薄地延展後以壓模壓切成圓形。

3 脫模，在17～18℃的室溫下凝固，凝固後就能從烤盤紙上剝離。

＊因為薄，所以一旦放入冷藏室，會因表面水分蒸發而捲起，所以要置於室溫下凝固。

4 各別將每片巧克力放置在叉子上，浸入調溫後的牛奶巧克力中。翻面使其浸入並均勻地沾裹巧克力。

5 依照基本動作沾裹後放置於烤盤紙上（→P46）。

6 趁沾裹的巧克力尚未凝固時，擺放上焦糖堅果、乾燥水果、開心果，使其黏著。放入冷藏室1分鐘使表面凝固後，取出至室溫下放置凝固。

＊於室溫下可保存二個月。

7 黑巧克力作法也相同。

＊四果巧克力是以塑成圓形的調溫巧克力為底部，也可在上面擺放堅果等來製作。

占度亞巧克力堅果醬的
四果巧克力
VARIANTE MENDIANT
CARRÉ FOURRÉ GIANDUJA

以正方型占度亞巧克力堅果醬來製作的變化款，
也可以用情人節的心形模來作

分量　2.5cm的方形64個　＊使用20cm、高5mm的方框模。

⊙底部base

占度亞牛奶巧克力榛果醬 gianduja lait aux noisettes（→P24）——— 300g

＊融化。

⊙覆蓋用 pour enrobage

牛奶巧克力（可可成分38%）couverture au lait 38% de cacao ——— 適量Q.S.

＊調溫。

焦糖杏仁 amandes caramélisées ——— 1粒／1個

焦糖榛果 noisettes caramélisées ——— 1粒／1個

＊參照P65的焦糖杏仁碎，以上述的兩種堅果粒製作，分別以相同配方和技巧進行。

櫻桃乾 griottes séchées ——— 1粒／1個

橙皮 zeste d'orange ——— 1片／1個

＊切成1cm大的菱形。

1 融化的占度亞牛奶巧克力榛果醬倒滿方框模中，連同底部的矽膠墊一起晃動使表面平整。

2 待表面凝固後，以橡皮刮刀取少量殘留的的占度亞牛奶巧克力榛果醬，填平表面凹凸之處。

3 最後以刮刀均勻刮平表面。待觸摸不會沾黏時，分切成2.5cm的方塊。覆蓋上2層保鮮膜以阻絕濕氣，放入冷藏室冷卻凝固。

4 將3取出置於室溫下。以調溫過的牛奶巧克力覆蓋（→P46）。

＊步驟3若是冰冷狀態會使巧克力立即凝固，無法使堅果黏合，所以必須先回復室溫。

5 以堅果、櫻桃乾、切成菱形的橙皮裝飾在4的表面。放入冷藏室1～2分鐘使表面乾燥後，再放置於17～18℃的室溫待其凝固。

＊冬季時，可以直接置於室溫下待其凝固。在室溫下可保存二個月。

巧克力瓦片餅乾
TUILE AU CHOCOLAT LAIT ET NOIR

焦糖化的香脆杏仁與巧克力製成的瓦片餅乾

分量　直徑5cm大的20片　　＊使用直徑5 cm圓洞的厚塑膠片作為底模（chablon mold）。預備保鮮膜的中央圓筒。

［牛奶巧克力瓦片 Tuile au chocolat lait］

焦糖杏仁碎

amandes hachées caramélisées（→P65）———— 160g

牛奶巧克力（可可成分38%）

couverture au lait 38% de cacao ———— 200g

＊調溫。

［黑巧克力瓦片 Tuile au chocolat noir］

＊雖然因巧克力的種類而有差別，但製作方法與牛奶巧克力

瓦片相同

焦糖杏仁碎

amandes hachées caramélisées（→P65）———— 160g

黑巧克力（可可成分58%）

couverture noire 58% de cacao ———— 200g

＊調溫。

1	2	3	4

1　鉢盆放入焦糖杏仁碎。若是冰冷狀態則以隔水加熱使其回復室溫（照片）。
＊在步驟2中加入巧克力時，若是冰冷狀態會使其凝固，所以要先回復室溫。

2　在1當中加入調溫過的巧克力，以橡皮刮刀混拌，均勻混拌即可。

3　在木製工作檯或托盤中鋪放切成長方形的烤盤紙，再擺放板狀模型，倒入2。
＊若巧克力凝固時，則可隔水溫熱即可。

4　用小刮板將杏仁碎均勻攤平成一粒的厚度。
＊在木製工作檯上進行作業，所以巧克力不會立即凝固。

5

除去板狀模型。
＊模型非圓形，改以橢圓型
等也可以。

6

連同烤盤紙一起捲至保鮮膜的中央圓
筒上，僅放入冷藏室2分鐘使表面凝
固後，取出放置於室溫使其凝固。
＊不用保鮮膜的中央圓筒，而用塑膠管或
擀麵棍也可以。在室溫下可保存二個月。

焦糖杏仁碎
amandes hachées caramélisées

分量　完成時約450g
波美度30°的糖漿 sirop à 30°B ── 150g
杏仁碎 amandes hachées ── 300g
奶油 beurre ── 35g
＊放至回覆室溫。

1

將波美度30°的糖漿放
入銅製缽盆中，加熱至
110℃。不時地以濡濕的
刷子清潔鍋壁噴濺的糖
漿。待加熱至110℃時，
熄火。

2

加入杏仁碎，混拌至表面
呈現鬆散狀，粒粒分明
為止。
＊糖漿的分量約是可以薄薄
沾裹的程度。過多時，杏仁
碎之間會相互沾黏。

3

再次加熱，用小火加熱並
混拌。
＊杏仁碎的表面積越大越容
易燒焦。因為想要緩慢地使
其焦糖化，所以要避免側面
受熱地以小火加熱。

4

目的在於焦糖化杏仁碎並
煎焙出香氣。待呈色後熄
火，加入回復室溫的奶油。
＊會產生僅煎焙時無法獲得
的香氣及美味。

5

焦糖化的程度依個人喜好
即可。混拌至呈鬆散狀，
即可攤平在矽膠墊上，置
於室溫下冷卻。冷卻後連
同乾燥劑一起放入密閉容
器內冷藏，可以保存二個
月以上。

連枝的白蘭地櫻桃巧克力
CERISE À L'EAU-DE-VIE AVEC QUEUE

滋潤的白蘭地香氣，甜甜地擴散在口中

分量

白蘭地酒漬帶枝梗的櫻桃 cerise à l'eau-de-vie avec queue —— 適量 Q.S.
＊儘可能使用帶籽的櫻桃形狀會比較漂亮。
翻糖（硬型）fondant dur —— 適量 Q.S.
黑巧克力（可可成分58%）couverture noire 58% de cacao —— 適量 Q.S.
＊調溫。
巧克力米 vermicelle de chocolat —— 適量 Q.S.

1

市售連枝的白蘭地酒漬櫻桃，放在舖有廚房紙巾或布巾的網篩上，放置一夜瀝乾水分。

2

翻糖時而加熱時而離火地加溫至40～45℃。

＊澆置在閃電泡芙表面時雖然較人體皮膚溫度低，但溫度一旦提高再冷卻，就會變得堅硬。

3

手持枝梗，僅將果實部分沾裹2，上下甩動除去多餘的翻糖。用刮刀除去果實底部的多餘翻糖。

4

排放在矽膠墊或烤盤紙上。在底部出現適量翻糖淤積（pied腳）的程度，正是恰好的翻糖硬度。過於柔軟會坍流。

＊枝梗沒有非得直立的必要。

5

待表面乾燥後，重覆3～4的步驟，2度沾裹。置於室溫下凝固。

＊若翻糖變硬凝固，則再次重新加熱至40～45℃。

6

將調溫巧克力溫度降低至接近結晶點（→P40），為能產生黏性、能厚實地沾裹覆蓋作準備，滴落時會呈現緞帶般痕跡的硬度。

＊若不夠厚實，可能會滲出果汁。

7

手持5的枝梗，僅將果實部分浸入6的巧克力，上下晃動甩落多餘的巧克力。用刮刀除去果實底部的多餘巧克力。

8

將7排放在裝有巧克力米的方型淺盤中，使底部沾裹上巧克力米。

＊在室溫下可保存二個月。

02

模型巧克力糖
Bonbons moulés

在塑形的巧克力中央填塞內餡的巧克力糖。
所謂moulés，就是經過塑形的意思

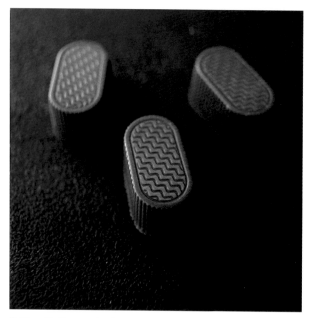

百香果甘那許
GANACHE FRUIT DE LA PASSION

［色粉噴霧＋牛奶巧克力的塑形］

以香甜的牛奶巧克力
柔和圓融地呈現甘那許的酸味

分量　長邊3.4×短邊2cm、高16mm的橢圓形72個

⊙塑形用 pour moulage
黃色的色粉噴霧
pistolet de colorant jaune（→P222）—— 適量Q.S.
牛奶巧克力（可可成分38%）
couverture au lait 38% de cacao —— 適量Q.S.
＊調溫。

⊙百香果甘那許 ganache fruit de la Passion
百香果的果泥 purée de fruit de la Passion —— 220g
蛋黃 jaune d'oeuf —— 60g
細砂糖 sucre semoule —— 60g

＊預備17.5×27.4cm、高2.4cm的小型糖果模2個
牛奶巧克力（可可成分40.5%）
couverture au lait 40.5% de cacao —— 270g
＊隔水加熱至40℃使其融化。
轉化糖 sucre inverti —— 20g
鮮奶油 crème fraîche —— 80g
奶油 beurre —— 40g
＊置於室溫使其柔軟。

塑形
參考噴霧＋塑形（→P50），前一天先混合可可脂和黃色的色粉噴在模型中，再用調溫巧克力（28～29℃）倒入模型塑形備用。

| 百香果甘那許

1
用鍋子煮沸百香果泥，倒入混合了打散的蛋黃和細砂糖的缽盆中，混拌。再將這些一起倒回鍋中加熱。

2
以刮刀邊混拌邊用中火加熱至85℃，至刮刀表面會呈現布巾（napper）狀（彷彿薄薄覆蓋了一層布巾的狀態）程度的黏性為止。過濾至缽盆中。

3
將2墊放冰水，從底部和側邊彷彿刮起般地邊進行混拌邊將溫度降至50℃左右。
＊會從與缽盆接觸的位置開始冷卻，所以如此混拌。

4
將轉化糖加入270g的融化牛奶巧克力中混拌。

5

鮮奶油加熱至會冒熱氣的程度，加入4的牛奶巧克力中混拌。

6

將3分成3～4次加入步驟5當中，輕輕地以圈狀混拌。
＊鮮奶油與3哪個先加入都可以。

7

粗略混拌後，再接著逐次加入3。

8

待全體混拌後，墊放冰水使其冷卻至人體皮膚的溫度。

覆蓋

9

加入放至回復室溫的奶油混拌，放入略深的容器，以手持攪拌棒混拌使其乳化。

10

將9放入擠花袋，剪下擠花袋前端數公釐。

11

絞擠在前一天預備好的模型內，上端預留2mm。每絞擠完一列後，就連同模型向下敲扣，以排出空氣。絞擠結束後，放置於室溫下。

1

當表面形成覆蓋薄膜時，澆淋上調溫過的牛奶巧克力。趁尚未凝固時，用刮板刮平表面及側面的多餘巧克力。

2

置於室溫下，觸摸時不沾黏，即可在表面再次澆淋調溫過的巧克力，同樣地以刮板刮平巧克力。

3

只要放入冷藏室15分鐘，取出朝下敲扣，使其由模型中脫模。於室溫下保存。
＊放入冷藏室時間太長，會吸附濕氣，所以15分鐘即可。在室溫下可保存六週。

萊姆焦糖
CARAMEL CITRON VERT
[牛奶巧克力噴霧＋白巧克力的塑形]

白巧克力之後伴隨而來的
是充滿萊姆清新爽口的焦糖風味

分量　2.6cm的方形72個　＊預備17.5×27.4cm、高2.4cm的小型糖果模2個

⊙塑形用 pour moulage
牛奶巧克力噴霧 pistolet de colorant au lait（→P222）── 適量Q.S.
白巧克力 couverture blanche
── 500g以上
＊調溫。

⊙萊姆的濃縮原汁
　concentré de citron vert
萊姆果汁 jus de citron vert ── 150g
萊姆皮 zestes de citron vert ── 2個

⊙萊姆風味的軟焦糖
　caramel mou au citron vert
細砂糖 sucre semoule ── 100g
萊姆鮮奶油 crème de citron vert
由下述中取 ── 200g
｜鮮奶油 crème fraîche ── 250g
｜萊姆皮 zestes de citron vert ── 2個
萊姆的濃縮原汁 concentré de citron vert 由前述配方中取 ── 40g
白巧克力 couverture blanche ── 200g
＊隔水加熱至40～45℃融化。

可可脂 beurre de cacao ── 40g
＊融化。

塑形
參考噴霧＋塑形（→P50），前一天先將牛奶巧克力噴霧（在28～29℃狀態下使用）在模型中，再用白巧克力倒入模型塑形備用。

萊姆鮮奶油

1

將萊姆皮磨下至放有鮮奶油的鍋子中，加熱使其沸騰。蓋上鍋蓋放置1小時～一夜，使香氣轉移至鮮奶油。

萊姆的濃縮果汁

1

在鍋中放入萊姆果汁，加入磨下的萊姆皮，加熱熬煮成60g。

2

將1的果汁趁熱直接放入果汁機攪打。因有熱度，所以使用濕布巾覆蓋在杯口攪打。由此取40g使用。

萊姆風味的軟焦糖

1

溫熱萊姆鮮奶油，過濾出200g，加熱。
＊溫熱、過濾，可以讓香味更加釋放，也能更容易過濾。

<table>
<tr>
<td>

2

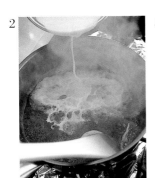

參照P33的3～5，用細砂糖製作焦糖。冒煙、出現的細小氣泡足以覆蓋全體時，熄火，加入煮至沸騰的1混拌。

</td>
<td>

3

過濾2，除去結塊。

</td>
<td>

4

墊放冰水，以橡皮刮刀邊混拌邊使其冷卻至50℃左右。

＊過度冷卻時會變硬，必須留意。

</td>
<td>

5

過程中加入萊姆的濃縮果汁，一起混拌冷卻。

</td>
</tr>
<tr>
<td>

6

融化的白巧克力放入另外的缽盆中，加入可可脂一起混拌。

</td>
<td>

7

將5分成3～4次加入6當中，以橡皮刮刀混拌。

＊因與最甜的白巧克力一起混拌，更烘托出萊姆的酸味和香氣。

</td>
<td>

8

由中央開始緩慢地混拌，待產生光澤時，再加入下一份5混拌。

</td>
<td>

9

這個程度的硬度，使其成液狀非常重要。溫度調整成人體皮膚般的溫度。

＊藉由成為液態狀，完成時能有更滑順的口感。

</td>
</tr>
</table>

| 覆蓋

<table>
<tr>
<td>

10

放入擠花袋內，將擠花袋前端剪切下數公釐，絞擠至預備好的模型內，上端預留2mm。每絞擠完一列後，就連同模型向下敲扣，以排出空氣。絞擠結束後，放置於室溫下。

</td>
<td>

1

當表面形成覆蓋薄膜時，在模型凹陷處覆蓋上調溫過的巧克力。趁尚未凝固時，用刮板刮平表面及側面的多餘巧克力。

</td>
<td>

2

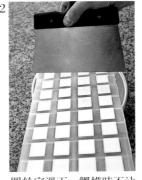

置於室溫下，觸摸時不沾黏，即可在表面再次澆淋調溫過的巧克力，同樣地以刮板刮平巧克力。

</td>
<td>

3

只要放入冷藏室15分鐘，朝下敲扣，由模型中脫模。於室溫下保存。

＊放入冷藏室時間太長，會吸附濕氣，所以15分鐘即可。在室溫下可保存六週。

</td>
</tr>
</table>

榛果雅馬邑圓頂
DÔME NOISETTE ARMAGNAC

［黑巧克力的塑形＋巧克力裝飾］

添加了雅馬邑白蘭地風味優雅的帕林內，
搭配金黃色的葉片裝飾

分量　直徑3cm、高1.5cm的圓頂56個　＊預備17.5×27.4cm、高2.4cm的小型糖果模2個

⊙塑形用、裝飾用 pour moulage et décor

黑巧克力（可可成分58%）

couverture noire 58% de cacao —— 500g以上

＊調溫。

黃色的色粉噴霧

pistolet de colorant jaune（→P222）—— 適量Q.S.

金粉 poudre d'or —— 少量Q.S.

鮮奶油 crème fraîche —— 150g

葡萄糖 glucose —— 50g

轉化糖 sucre inverti —— 20g

榛果帕林內 Praliné aux noisettes（→P20）—— 240g

榛果醬（無糖／烘烤型）

pâte de noisettes sans sucre —— 20g

可可脂 beurre de cacao —— 60g

＊融化。

雅馬邑白蘭地 armagnac —— 30g

焦糖榛果 noisettes caramélisées —— 適量Q.S.

＊參考P65，杏仁碎改以整顆榛果代替，以相同配方和技巧
　來製作。

塑形

前一天先用調溫過的黑巧克力塑形備用（→P48）。

1

將鮮奶油、葡萄糖、轉化糖放入鍋中，加熱至50～60℃。

＊不要使其沸騰即可。

2

將榛果醬加入放在缽盆中的榛果帕林內，混拌，加入融化的可可脂繼續混拌。

3

少量逐次地將1加入步驟2，以攪拌器充分混拌使其乳化，加入雅馬邑白蘭地混拌。

4

當呈現稠濃狀態時，就是最美味的硬度。最後將溫度調整成至人體皮膚的溫度。

＊塑形的巧克力會融化，所以調整成人體皮膚的溫度。

5

將焦糖榛果敲成粗粒狀。

6

將4放入擠花袋內,將擠花袋前端剪切下數公釐,首先為使堅果能附著在模型內,少量逐次的絞擠,接著放入2片步驟5的榛果粒。

7

上端預留2mm地絞擠4,每絞擠完一列後,就連同模型向下敲扣,以排出空氣。絞擠結束後,放置於室溫下一夜使其凝固,進行覆蓋(→P52)。

| 裝飾

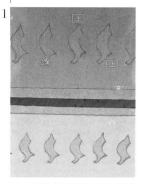

1

在厚質塑膠片上,配合模型的圓頂形狀描繪出葉片(在此大約是5cm的長度),挖空葉片形成模型,放置在烤盤紙上。

2

將調溫過的黑巧克力放入擠花袋內,略微剪下前端,絞擠出1的形狀。

3

用小型刮板均勻抹平後,取下塑膠片。重覆2～3的步驟,製作比分量略多的數量。

4

在紙捲擠花袋內放入相同的巧克力,從葉片的內側朝自己的方向地擠出葉柄。

5

用刀子在絞擠的葉柄二端修切,呈現漂亮的葉片形狀。

＊也可用柳葉刀般小型刀子的銳利處裁切。

6

在噴霧用的黃色色粉中加入少量金粉,以小型噴槍進行噴霧。置於室溫下,凝固後除去下方的烤盤紙。

| 完成

1

留下間距地排放脫模的小型糖果,以紙捲擠花袋在上端絞擠少量的調溫黑巧克力。

2

擺放上葉片裝飾使其黏著,以冷卻噴霧噴往黏著部分使其凝固。於室溫下保存。

＊在室溫下可保存六週。

雙重覆盆子
DUO FRAMBOISE
［塗抹色粉＋以牛奶巧克力塑形］

黏稠的水果凍與滑順甘那許
的美味雙重奏

分量　長3.2cm、高1.7cm的心形48個　＊預備14.5×21.5cm、高2.4cm的小型糖果模2個

⊙塑形用 pour moulage
紅色巧克力用色粉 colorant rouge pour décor de chocolat（→P224）—— 適量Q.S
＊將紅色粉混拌在融化的可可脂中，在27～30℃的狀態下使用。
牛奶巧克力（可可成分38%）
couverture au lait 38% de cacao —— 500g以上
＊調溫。

⊙覆盆子水果軟糖 pâte de fruit de framboise
＊與P38的百香果水果軟糖相同技巧製作、凝固。
覆盆子果泥 purée de framboise —— 350g
果膠 pectine —— 8g
細砂糖 sucre semoule —— 40g
葡萄糖 glucose —— 75g
細砂糖 sucre semoule —— 370g
酒石酸溶液 solution d'acide tartrique —— 7g

覆盆子白蘭地 eau-de-vie de framboise —— 20g

⊙覆盆子甘那許 ganache framboise
覆盆子果泥 purée de framboise —— 100g
鮮奶油 crème fraîche —— 80g
黑巧克力（可可成分66%）
couverture noire 66% de cacao —— 180g
牛奶巧克力（可可成分40.5%）
couverture au lait 40.5% de cacao —— 120g
＊兩種巧克力各別隔水加熱至40～45℃融化。

轉化糖 sucre inverti —— 20g
覆盆子白蘭地 eau-de-vie de framboise —— 40g
奶油 beurre —— 40g
＊置於室溫使其柔軟。

塑形
前一天先以手指將混拌了紅色色粉的可可脂刷塗在模型底部，再以調溫過的牛奶巧克力倒入模型中塑形備用（→P51）。

| 覆盆子水果軟糖

1

將凝固的覆盆子水果軟糖放入食物切碎機內，略加攪打。
＊放置在冷藏室的成品，以微波爐略略溫熱。

2

加入覆盆子白蘭地，再繼續攪打，形成比果醬略硬的程度。調整成為人體皮膚的溫度。白蘭地的分量不會將軟糖稀釋為液體。

1

覆子盆子果泥和鮮奶油，
各別加熱至50℃。

2

混合40～45℃融化的2
種巧克力，加入轉化糖混
拌，分2～3次加入鮮奶
油混拌。

3

由中央開始混拌，待出現
光澤開始乳化後，再接著
加入剩餘的鮮奶油混拌。

4

加入溫熱的果泥，同樣地
混拌。
＊鮮奶油與果泥哪個先加入
混拌都沒關係。

5

加入覆盆子白蘭地混拌。
調整至絞擠時的溫度是人
體皮膚的溫度。

6

放進回復至室溫的奶油，
粗略混拌。混拌奶油後，
放入較深的容器內。

7

以手持攪拌棒上下移動
混拌，使其乳化。將水果
軟糖放入擠花袋內，將
前端剪切下數公釐，在預
備好的模型中絞擠至半量
以下。

8

接著將調整至人體皮膚溫
度步驟7的甘那許，絞擠
至模型上端預留約2mm。
絞擠完一列後，連同模型
向下敲扣，以排出空氣置
於室溫下凝固。

覆蓋

1

當表面形成覆蓋薄膜時，
在模型上覆蓋調溫過的牛
奶巧克力並推展。

2

趁尚未凝固時，用刮板刮
平表面及側面的多餘巧
克力。

3

置於室溫下，觸摸時不沾
黏，即可在表面再次澆淋
巧克力，與2同樣地以刮
板刮平巧克力。

4

只要放入冷藏室15分鐘
後，朝下敲扣，使其由模
型中脫模。於室溫下保存。
＊放入冷藏室時間太長，會
吸附濕氣，所以15分鐘即
可。在室溫下可保存六週。

白蘭地櫻桃
CERISE À L'EAU-DE-VIE MOULÉE

［添加了含酒翻糖製成］

就是所謂的酒芯巧克力糖（LIQUEUR BONBON）。
可以品嚐到添加液態白蘭地的翻糖

分量　直徑2.8cm、高2cm的半圓形64個　＊預備17.5×27.4cm、高2.4cm的小型糖果模2個

⊙塑形用 pour moulage

黑巧克力（可可成分58%）

couverture noire 58% de cacao —— 500g以上

＊調溫。

⊙櫻桃白蘭地翻糖 fondant au kirsch

翻糖 fondant —— 200g

櫻桃白蘭地（Old）vieux kirsch —— 100g

＊也可以使用浸漬了酸櫻桃（griotte）的白蘭地。

白蘭地漬浸的酸櫻桃 griottes â l'eau-de-vie —— 64粒

＊griotte指的是酸櫻桃。前一日先放在以廚房紙巾或布巾墊
　放的網篩中，充分瀝乾至觸摸時沒有水分為止。

⊙噴霧 pour pistolet

牛奶巧克力噴霧

pistolet de chocolat au lait（→ P222）—— 適量Q.S.

＊為確保能迅速凝固，調溫後使用。

塑形
前一天先預備能放入櫻桃的較深模型，以調溫過的黑
巧克力倒入模型中塑形備用（→ P48）。

| 櫻桃白蘭地翻糖

1	2	3	4

翻糖放入缽盆中，以隔水加熱溫熱數秒至其回復可以混合的流動狀態。	少量逐次加入櫻桃白蘭地混拌。 ＊酒的分量越多，再結晶化的時間就越長，所以少量逐次地斟酌的分量。	這個程度的硬度即可。 ＊雖然翻糖會先凝固，但以巧克力覆蓋並略加放置後，由櫻桃中釋出的汁液會使其成為流動狀的糖漿。	將充分瀝乾水分的酸櫻桃浸入調溫過的巧克力中，放入預備好的模型底部。 ＊一旦放入翻糖就會浮起，所以用巧克力使其黏著。

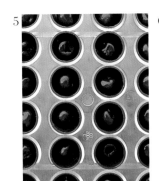

5

一旦酸櫻桃露出時，會由該處流出汁液損壞外觀，所以不要使用比模型深度大的櫻桃。

＊分量多時，可以先絞擠巧克力後再放入酸櫻桃。

6

待酸櫻桃被固定後，將3以紙捲擠花袋擠至5中。使用紙捲擠花袋，避免周圍髒污，絞擠至上端留約1～2mm的程度。

| 覆蓋

7

略為放置後，會因生成氣泡，中間的空氣而浮出。經過一段時間會自然消失。

8

排出空氣處，再絞擠補上6的翻糖。可以看出來在翻糖較薄處汁液的浮出（照片）。

9

在17～18℃的室溫下放置一夜～24小時。以手指觸摸表面，確認表面是否確實形成薄膜。

1

以調溫過的牛奶巧克力噴槍在表面進行噴霧。

2

以刮板刮平清理表面，在室溫下放置5～6分鐘使其凝固。

＊因為會釋出汁液，所以在表面再次覆蓋上巧克力使其形成薄膜。

3

有著纖細的內餡，所以在表面擺放調溫巧克力，以刮刀輕輕地往返填滿，或傾斜模型使巧克力滑入凹槽。

4

用大型刮板刮平表面。照片上是澆淋第一次巧克力的狀態，在此若產生氣泡時，可以再次澆淋巧克力，置於室溫下。

5

觸摸時不沾黏，即可在表面澆淋第二次。第二次擺放較少的巧克力推展，以刮板刮平多餘的巧克力。

6

只要放入冷藏室15分鐘使其凝固。櫻桃頂端露出來的成品，在脫模後淘汰。

＊雖然吃起來一樣美味，但會滲出汁液，所以無法成為商品。

7

朝下敲扣，使其由模型中脫模。於室溫下保存。

＊在室溫下可保存六週。

03

包覆沾裹的巧克力糖
Bonbons enrobés

倒入模型凝固後分切的甘那許或帕林內等，
包覆沾裹上巧克力的類型。
所謂enrobés，就是「包覆著」、「被沾裹」的意思

法國藍帶方塊 ——
PAVÉ LE CORDON BLEU
［轉印貼紙的類型］

水果甘那許巧克力

分量　2.2×2.8cm 70個

⊙甘那許 ganache

＊預備22cm方形、高8mm的方框模。

黑巧克力（可可成分70%）couverture noire 70% de cacao —— 250g

牛奶巧克力（可可成分38%）couverture au lait 38% de cacao —— 60g

＊巧克力各別隔水加熱至40～45℃融化。

可可脂 beurre de cacao —— 30g

＊融化。

轉化糖 sucre inverti —— 15g

鮮奶油 crème fraîche —— 160g

君度橙酒 Cointreau —— 25g

⊙覆蓋用 pour enrobage

＊預備所需張數的轉印貼紙，並裁切成比糖果略大。

黑巧克力（可可成分58%）couverture noire 58% de cacao —— 1kg以上

＊調溫。也可僅融化塗抹（chablonner）用的部分。

1

混合融化的2種巧克力，添加可可脂和轉化糖混拌。鮮奶油放入鍋中，溫熱至70～80℃。

2

在巧克力缽盆中，邊少量逐次地倒入鮮奶油邊混拌。至產生光澤後，再接著倒入下一份鮮奶油混拌。

3

加入君度橙酒，同樣地混拌。

4

移至略深的容器內，以手持攪拌棒使其乳化。過程中以橡皮刮刀從底部翻起地混拌，再繼續攪打。待產生光澤，拉起攪拌棒時甘那許會沈重地掉落即可。

5

將4倒入高8mm的22cm方框模中，以橡皮刮刀將其推平延展。

6

用刮板平整表面，置於17～18℃的室溫下一夜使其凝固。凝固後脫膜。

覆蓋沾裹

1

用調溫過的黑巧克力薄薄地塗抹（chablonner）在甘那許的兩面，用噴槍溫熱刀子將其分切成2.2×2.8cm（→P45）。

2

將1各別浸入調溫過的黑巧克力中，浸入，如基本作法般覆蓋沾裹上巧克力，置於烤盤紙上（→P46）。

3

立刻用刮板將1片轉印貼紙輕輕按壓在2上。

＊如果轉印的圖案無關正反時，可以將貼紙置於下方，之後翻面即可。

4

置於17～18℃的室溫下凝固。

＊室溫較高時，可放入冷藏室10分鐘使其凝固。但放置時間過長會吸附濕氣。

5

凝固後，輕輕撕下轉印片。

＊在室溫下可保存六週。

香草圓石
PALET VANILLE
［用貼紙按壓出花紋圖樣1］

焦糖為基底的甘那許
融化於口中

分量　直徑3cm 36個
⊙焦糖基底的甘那許 ganache au caramel
＊預備22cm方形、高8mm的方框模。
鮮奶油 crème fraîche —— 150g
香草莢 gousse de vanille —— 1根
細砂糖 sucre semoule —— 60g
葡萄糖 glucose —— 20g
牛奶巧克力（可可成分40%）
couverture au lait 40% de cacao —— 260g
＊隔水加熱至40～45℃融化。
奶油 beurre —— 20g
＊置於室溫使其柔軟。

⊙覆蓋用 pour enrobage
＊預備切成1cm寬，帶有圖案的轉印貼紙，與製作份
　量相同。
牛奶巧克力（可可成分38%）
couverture au lait 38% de cacao —— 1kg以上
＊調溫。也可僅融化塗抹（chablonner）用的部分。

| 焦糖基底的甘那許

1 將鮮奶油和切開的香草莢放入鍋中，煮至沸騰後蓋上鍋蓋，置於室溫至少1小時以上。
＊前一晚溫熱，置於冷藏室一夜，使香氣充分釋出。

2 加熱細砂糖使其焦糖化，待冒煙後熄火。煮沸1的鮮奶油，少量逐次地連同香草莢一起加入（→P33、3～6）。

3 用刮刀如刮起般地充分混拌，最後加入葡萄糖混拌。

4 以網篩過濾3。不殘留香草籽地使其落入鍋中。墊放冰水冷卻至70～80℃。必須注意過度冷卻會造成凝固。

5

在融化的牛奶巧克力中少量逐次地加入4混拌。

6

待出現黏度後，再接著加入下一次。

＊混拌時若凝固變硬，也可隔熱水溫熱。

7

最後加入奶油大致混拌。會較一般成品略硬，所以可用手持攪拌機攪打，打至呈滑順狀態。若不易乳化時，可添加少量鮮奶油。

8

將7倒入高8mm、長寬22cm的方框模中，以橡皮刮刀推平，再以刮板均勻表面。置於17～18℃的室溫下一夜使其凝固，在覆蓋沾裹的步驟前才脫模。

| 覆蓋沾裹

1

用牛奶巧克力薄薄地塗抹（chablonner）在甘那許的兩面（→P45），晾乾後用噴槍溫熱直徑3cm的切模，按壓出圓形，排放在矽膠墊上。

2

將1各別浸入調溫過的牛奶巧克力中，浸入翻面，如基本作法般覆蓋沾裹巧克力（→P46）。

3

立刻擺放上帶有花紋圖樣的貼紙，輕輕按壓兩端。在全部的巧克力表面覆蓋沾裹並擺放貼紙。

4

置於17～18℃的室溫下使其慢慢凝固。

＊室溫較高時，可放入冷藏室10分鐘使其凝固。放置時間過長時會吸附濕氣。

5

凝固後，輕輕撕下貼紙。

＊在室溫下可保存六週。

柚子
GANACHE AUX YUZUS

［色塊＋吸管的花紋圖樣］

令人聯想到柚子顏色的裝飾，
更能感受到香氣

分量 2.2×2.4cm 的長方形64個

⊙柚子風味甘那許 ganache aux Yuzus
＊預備20cm正方、高1cm的方框模。
柚子鮮奶油 crème aux Yuzus
　下述配方 ── 180g
　｜鮮奶油 crème fraîche ── 250g
　｜柚子皮 zestes de Yuzu ── 3個
葡萄糖 glucose ── 15g
黑巧克力（可可成分58%）couverture
noire 58% de cacao ── 240g
牛奶巧克力（可可成分40.5%）
couverture au lait 40.5% de cacao
　　── 80g

＊隔水加熱至40～45℃融化。
轉化糖 sucre inverti ── 15g
奶油 beurre ── 40g
＊置於室溫使其柔軟。

⊙色塊 plaquettes en couleurs
＊將吸管適度地切斷，預備所需分量。
紅色和黃色的巧克力用色粉 colorant
rouge et jaune pour décor de
chocolat（→P224）── 適量Q.S.
＊色粉無論哪一種都需加入融化的可可
　脂中，在27～30℃的狀態下使用。

白巧克力 couverture blanche
　　── 適量Q.S.
＊調溫。

奶油 beurre ── 20g

⊙覆蓋用 pour enrobage
牛奶巧克力（可可成分38%）
couverture au lait 38% de cacao
　　── 適量Q.S.
＊調溫。也可僅融化塗抹（chablonner）
　用的部分。

柚子鮮奶油			柚子風味甘那許

1	2	3	1
鮮奶油放入鍋中，加入3顆磨成泥的柚子皮。	加熱，使其沸騰，之後蓋上鍋蓋靜置1小時～一夜，使柚子的香氣移轉至鮮奶油。	用圓錐形濾網將2過濾到別的鍋中。由此取其中的180g使用。不足時，可添加鮮奶油以補足分量。	在柚子鮮奶油的鍋中放入葡萄糖加熱，溫熱至70～80℃。

2

混合融化的2種巧克力，添加轉化糖，將1的材料分3～4次加入，並輕巧地混拌。

3

大致混拌後，放入室溫軟化的奶油混拌。奶油沒有融化也沒關係。

4

移至略深的容器內，以手持攪拌棒攪打使其乳化。待產生光澤，拉起攪拌棒時甘那許會沈重地掉落即可。

5

倒入方框模中，以刮刀上下拉動般地推展，用刮板平整表面。置於17～18℃的室溫下凝固。進行覆蓋步驟前才脫膜。

| 色塊

1

在缽盆中放入紅色和黃色的巧克力用色粉混拌，調合成柚子顏色般的黃色。

2

將1調整成27～30℃，用刷子在烤盤紙上刷0.5mm的厚度。待觸摸不會沾黏時，再放入調溫過的白巧克力，薄薄地推展開。

3

待表面乾燥後，用尺規分切成2.5×0.5cm的長方形，所需的數量。可能會反向捲起所以要擺放在烤盤紙或烤盤上，置於室溫下凝固。

| 覆蓋沾裏

1

用牛奶巧克力薄薄地塗抹（chablonner）在甘那許的兩面，晾乾後用噴槍溫熱刀子，分切成2.2×2.4cm的方塊（→P45）。以叉子浸入調溫過的牛奶巧克力中，再甩落多餘的巧克力。

2

翻面，如基本作法般覆蓋沾裏（→P46）後的巧克力放置在烤盤紙上，在左側放上分切的色塊按壓。右側則放置吸管按壓。

3

置於17～18℃的室溫下凝固。凝固後拿著吸管的兩端取下。

＊在室溫下可保存六週。

榛果帕林內巧克力牛軋糖
PRALINÉ AUX NOISETTES ET SA NOUGATINE

［飾以巧克力牛軋糖］

裝飾和夾層使用了牛軋糖
有著芳香的堅果風味

分量　直徑2.5cm　80個

⊙巧克力牛軋糖
nougatine au chocolat

＊預備直徑2.5cm的牛軋糖切模。
牛奶 lait —— 20g
奶油 beurre —— 90g
葡萄糖 glucose —— 40g
細砂糖 sucre semoule —— 100g
可可粉 cacao en poudre —— 15g
鹽之花 fleur de sel —— 1g
榛果碎 noisettes hachées —— 100g

⊙帕林內的夾層 intérieur praliné

＊預備直徑2.5cm、高1cm的矽膠製模型。
牛奶巧克力（可可成分40%）couverture
au lait 40% de cacao —— 70g
＊隔水加熱至40～45℃融化。
可可脂 beurre de cacao —— 30g
＊融化。
榛果帕林內 praliné aux noisettes
（→P20）—— 300g
巧克力牛軋糖 nougatine au chocolat
敲碎左側的成品 —— 80g

牛奶巧克力噴霧 pistolet de chocolat
au lait（→P222）—— 適量 Q.S.
＊在27～30℃的狀態下使用。

⊙覆蓋用 pour enrobage
牛奶巧克力（可可成分38%）
couverture au lait 38% de cacao
—— 適量 Q.S.
＊調溫。

| 巧克力牛軋糖

1
將榛果碎以外的材料放入
鍋中加熱，因容易燒焦，
所以邊混拌邊加熱，全部
融化即可。

2
變成液態後熄火，立刻加
入榛果碎混拌。

3
將2攤放在矽膠墊上，以
橡皮刮刀儘可能地薄薄
攤開。

4
覆蓋上烤盤紙，以擀麵棍
擀壓。連同矽膠墊一起放
至烤盤上。
＊這個分量可以攤成30×
45cm的烤盤2個。

5

將4放入160～170℃的旋風烤箱內，待烘烤至表面全無遺漏，起泡沸騰時，取出放置冷卻。

6

冷卻變硬後，再放入烤箱10分鐘，使其顏色再稍稍濃重（照片7。照片6是過度烤焦的失敗例）。完全受熱變得更脆口。

7

稍稍放置，待能從矽膠墊上剝離，趁著仍柔軟時以牛軋糖切模按壓出形狀，從上方輕敲按壓出圓形。會立刻變硬，所以直接在烤盤上按壓。

8

按壓出80片。若不立即使用，可以放置乾燥劑，再擺放烤盤紙，以保鮮膜密封。可保存二個月。

＊這個分量可以按壓出200片。

| 帕林內的夾層

1

由巧克力牛軋糖的剩餘分量中取出80g，待冷卻成為可分切的硬度時切碎，略大也沒關係。

2

混合牛奶巧克力和可可脂，冷卻至人體皮膚的溫度。加入全部的榛果帕林內，邊轉動缽盆邊由底部開始混拌。

3

加入1混拌。均勻地混拌即可。

＊雖然牛軋糖的脆糖部分融化了，但仍留有口感和堅果的香氣。

4

用湯匙舀入填滿直徑2.5cm、高1cm的模型中。置於17～18℃的室溫使其凝固。

| 覆蓋沾裹、完成

1

將按壓成圓形的牛軋糖排放在矽膠墊上，噴撒上牛奶巧克力噴霧。

＊噴霧可在表面形成薄膜，使其不會沾黏。

2

將凝固的帕林內夾層由模型中取出，排放在烤盤紙上。

3

將2各別浸入調溫過的牛奶巧克力中，浸入翻面，如基本作法般覆蓋沾裹（→P46），置於烤盤紙上。

4

在3的表面立即擺放1的牛軋糖片輕輕按壓。置於17～18℃的室溫下使其慢慢凝固。

＊在室溫下可保存六週。

杏仁帕林內脆片巧克力
PRALINÉ AUX AMANDES
ET FEUILLETINE

［飾以堅果］

爽脆的脆片口感
讓巧克力也變得更輕盈

分量　2.2×2.8cm的長方形　48個

⊙帕林內的夾層 intérieur parliné aux amandes
＊預備20cm方形、高8mm的方框模。
黑巧克力（可可成分58%）couverture noire 58% de cacao —— 60g
＊隔水加熱至40～45℃融化。
可可脂 beurre de cacao —— 35g
＊融化。
杏仁帕林內 praliné aux amandes（→P18）—— 300g
脆片 feuilletine —— 70g
＊稱為 crepes dentelles 的薄餅碎片，香酥爽脆。

⊙裝飾用 pour décor
焦糖杏仁 amandes caramélisées —— 63個
＊參照P65，用整顆杏仁取代杏仁碎，以相同配比和技巧來製作。

⊙覆蓋用 pour enrobage
黑巧克力（可可成分58%）couverture noire 58% de cacao —— 適量Q.S
＊調溫。也可僅融化塗抹（chablonner）用，和焦糖杏仁用的部分。
可可粉 cacao en poudre —— 適量Q.S.

帕林內的夾層

1

在融化的黑克力中添加可可脂混拌。邊觸摸缽盆邊混拌至溫度冷卻至人體皮膚的溫度。

2

在缽盆中放入杏仁帕林內，加入降溫至人體皮膚溫度以下的1，充分混拌。

3

加入脆片，邊轉動缽盆邊由底部開始混拌。混拌完成後，倒入邊長20cm、高8mm的方框模中。

4

用橡皮刮刀上下拉動推展攤平。用融化的黑巧克力薄薄地塗抹（chablonner）兩面，分切成2.2×2.8cm（→P45）。

焦糖杏仁

1

在掌心蘸取融化後降溫成人體皮膚溫度的黑巧克力，再放置焦糖杏仁，雙手搓動使其沾裹上巧克力。

2

立刻將1放入裝有可可粉的方型淺盤中，裹上可可粉。直接放至凝固為止。1～2的作業也可以2人一組進行。

覆蓋沾裹

1

將帕林內夾層一個個各別浸入調溫過的黑巧克力中，翻面，如基本作法般覆蓋沾裹巧克力（→P46）。

2

將1取出置於烤盤紙上，立刻擺放上焦糖杏仁並按壓使其黏著。
＊在室溫下可保存六週。

胡桃帕林內和零陵香甘那許
PRALINÉ AUX NOIX DE PÉCAN ET GANACHE TONKA
［吸管的花紋圖樣］

濃郁的胡桃帕林內與
柔軟零陵香甘那許的雙層口感

分量　2.4cm方形 100個　＊預備24cm正方形、高6mm、1.2cm的2種方框模。

⊙胡桃帕林內的夾層 intérieur praliné aux noix de pécan
牛奶巧克力（可可成分40.5%）
couverture au lait 40.5% de cacao
—— 50g
＊隔水加熱至40～45℃融化。
可可脂 beurre de cacao —— 15g
＊融化。
榛果醬（無糖／烘烤型）pâte de noisettes sans sucre —— 20g
胡桃帕林內 praliné aux noix de pécan（→P21）—— 180g

脆片 feuilletine（→P90）—— 30g
零陵香豆粉 fève de Tonka en poudre —— 適量 Q.S

⊙零陵香甘那許
ganache à la fève de Tonka
零陵香豆 fève de Tonka —— 2g
鮮奶油 crème fraîche —— 100g
轉化糖 sucre inverti —— 25g
黑巧克力（可可成分58%）couverture noire 58% de cacao —— 80g

牛奶巧克力（可可成分40%）
couverture au lait 40% de cacao
—— 125g
＊巧克力各別隔水加熱至40～45℃融化。
奶油 beurre —— 15g
＊置於室溫使其柔軟。

⊙覆蓋用 pour enrobage
＊將吸管切斷，預備所需分量。
黑巧克力（可可成分58%）couverture noire 58% de cacao —— 適量 Q.S.
＊調溫。也可僅融化塗抹用的部分。

胡桃帕林內的夾層

零陵香豆
栽植於熱帶美洲的喬木。
帶著混合了苦杏仁與香草
的獨特風味，運用於巧克
力糕點。

1 在融化的牛奶克力中添加
可可脂混拌，再加入榛果
醬的缽盆中混拌。

2 在1當中加入胡桃帕林內
混拌。

3

再加入脆片和零陵香豆粉混拌，邊轉動缽盆邊由底部翻起般混拌。

4

將3倒入邊長24cm、高6mm的方框模中。用橡皮刮刀上下拉動使其均勻推展至各角落。置於17～18℃的室溫下凝固，脫模。

1

零陵香豆切碎，與鮮奶油一起放入鍋中加熱。

＊大量製作時，零陵香豆可以用食物切碎機切碎。

2

將1煮至沸騰後熄火，蓋上鍋蓋，置於室溫至少1小時～一夜以上，使香氣移轉至鮮奶油。

3

各別融化的2種巧克力放入缽盆中混合，加入轉化糖混拌。

4

將2加溫至70～80℃後過濾，將3分成3～4次加入，並輕輕混拌。混拌完成後加入奶油，粗略混拌。

5

將4移至較深的容器內，以手持攪拌棒攪打使其乳化。

6

用邊長24cm、高1.2cm的方框模框住胡桃帕林內的夾層，再將5倒入。以橡皮刮刀上下拉動推展攤平。

7

以刮板均勻表面，於室溫下凝固，脫模。用融化的黑巧克力薄薄地塗抹（chablonner）兩面（→P45）乾燥後以溫熱的刀子分切成2.4cm的方形。

覆蓋沾裹

1

將分切過的夾層一個個各別浸入調溫過的黑巧克力中，如基本作法般覆蓋沾裹（→P46），取出置於烤盤紙上。

2

立刻將吸管按壓在對角線上。在1的作業全部結束後，置於17～18℃的室溫下使其緩慢凝固，拿著吸管兩端取下。

＊在室溫下可保存六週。

焦糖咖啡肉桂巧克力
CARAMEL CAFÉ ET
GANACHE À LA CANNELLE

［用貼紙按壓出花紋圖樣 2］

帶著隱約肉桂香氣的甘那許
與濃郁的咖啡焦糖十分對味

分量　2.4cm 方形 64 個　＊預備 20cm 正方形、高 6mm、1.2cm 的 2 種方框模。

⊙咖啡焦糖 caramel au café
咖啡鮮奶油
crème au café ── 取其中的 250g
- 鮮奶油 crème fraîche ── 300g
- 咖啡豆研磨粉（阿拉比卡種）
  café grand cru Arabica moulu
  ── 30g

細砂糖 sucre semoule ── 200g
葡萄糖 glucose ── 75g
可可脂 beurre de cacao ── 10g
奶油 beurre ── 15g

⊙肉桂風味甘那許
ganache à la cannelle
肉桂鮮奶油 crème à la cannelle
── 取以下的 120g
- 鮮奶油 crème fraîche ── 120g
- 肉桂 bâton de cannelle ── 10g
黑巧克力（可可成分 58%）couverture
noire 58% de cacao ── 100g
白巧克力 couverture blanche ── 80g
＊巧克力各別隔水加熱至 40～45℃ 融化。
轉化糖 sucre inverti ── 10g

⊙覆蓋用 pour enrobage
＊將帶著花紋圖樣的貼紙裁切成 2 邊為
　4.5cm 的等邊三角形，預備所需分量。
黑巧克力（可可成分 58%）couverture
noire 58% de cacao ── 適量 Q.S.
＊調溫。也可僅融化塗抹（chablonner）
　用的部分。

咖啡鮮奶油	肉桂鮮奶油	咖啡焦糖	

1

1

1

2

將咖啡豆研磨粉放入鮮奶油鍋使其沸騰，熄火，蓋上鍋蓋。置於室溫下 1 小時～一夜，使咖啡的香氣移轉至鮮奶油。

將鮮奶油和以擀麵棍敲打過的肉桂棒放入鍋內使其沸騰，熄火，蓋上鍋蓋。置於室溫下 1 小時～一夜，使肉桂棒的香氣移轉至鮮奶油。

為了方便過濾，將咖啡鮮奶油溫熱，以圓錐形濾網過濾 250g 至較深的鍋中。加入 200g 細砂糖和溫熱軟化的葡萄糖，煮至沸騰。

參照 P33 步驟 3～5，在另外的鍋中加熱 50g 的細砂糖製作焦糖。冒煙，出現的細小氣泡足以覆蓋全體時，熄火，加入 1 混拌。

3

將2放回1較深的鍋內。以刮刀邊從底部混拌邊加熱至120℃，製作軟焦糖。

4

將切碎的可可脂和奶油放入3，充分混拌。
＊油脂具有凝固劑的作用。藉由添加油脂可以緊實凝固，使其充分乳化。

5

將4倒入邊長20cm高6mm的方框模中。以刮刀均勻推展。

6

於17～18℃的室溫下凝固。凝固後脫膜，改以邊長20cm、高1.2cm的方框模框住。在咖啡焦糖上方留下6mm的空間。

| 肉桂風味甘那許

1

溫熱肉桂鮮奶油，過濾出120g，加熱至70～80℃。

2

各別融化的2種巧克力混合，加入轉化糖混拌，分2～3次將1加入並混拌。移至較深的容器內，以手持攪拌棒攪打使其乳化。

3

用噴槍融化以模型框住的咖啡焦糖表面，使其成為易於沾黏的狀態後，倒入2，以橡皮刮刀上下拉動推展攤平。

4

連同墊子一起敲扣平整表面。置於17～18℃的室溫下使其慢慢凝固，在模型邊緣處插入刀子沿著周圍劃一圈脫模。

| 覆蓋沾裹

1

用黑巧克力薄薄地塗抹（chablonner）兩面，分切成2.4cm的方形（→P45）各別浸入調溫過的黑巧克力中，如基本作法般覆蓋沾裹（→P46）。

2

將1置於烤盤紙上，立刻將切成三角形的貼紙擺放在對角線上按壓。

3

作業完成後，置於17～18℃的室溫下一夜使其凝固。

4

剝除貼紙，保存於室溫下。
＊在室溫下可保存六週。

柳橙咖啡甘那許
GANACHE CAFÉ ORANGE

［用貼紙呈現光澤＋色粉裝飾］

柳橙水果軟糖夾心的
咖啡甘那許

分量　2.4cm 方形 64 個　＊預備 20cm 正方形、高 2mm、6mm、1cm 的 3 種方框模。

⊙柳橙水果軟糖 pâte de fruit orange
糖煮柳橙 compote orange —— 取其中的 170g

　┌ 柳橙 orange —— 300 ～ 400g
　│ 紅糖 cassonade —— 80g
　└ 蜂蜜 miel —— 20g

果膠 pectine —— 2g
細砂糖 sucre semoule —— 15g
＊果膠與細砂糖混合備用。
葡萄糖 glucose —— 20g
酒石酸溶液 solution d'acide tartrique —— 2g
柑曼怡干邑白蘭地 Grand-Marnier —— 10g

⊙咖啡甘那許 ganache au café
咖啡鮮奶油 crème au café —— 取其中的 140g
（不足時添加鮮奶油補足。）
＊參照 P94，用以下的分量製作。

　┌ 鮮奶油 crèmecrème fraîche —— 200g
　│ 咖啡豆研磨粉（阿拉比卡種）
　└ café grand cru Arabica moulu —— 25g

黑巧克力（可可成分 66%）
couverture noire 66% de cacao —— 210g
＊隔水加熱至 40 ～ 45℃融化。
轉化糖 sucre inverti —— 20g
奶油 beurre —— 30g
＊置於室溫使其柔軟。

⊙覆蓋、裝飾用 pour enrobage et décor
＊將貼紙裁切成正方形，預備所需分量。
黑巧克力（可可成分 58%）
couverture noire 58% de cacao —— 適量 Q.S.
＊調溫。也可僅融化塗抹（chablonner）用的部分。
柳橙巧克力用色粉和金粉
colorant orange pour décor de chocolat
（→ P224）et poudre d'or —— 適量 Q.S.
＊紅色和黃色的色粉混合成橙色，混入少許金粉，
　在 27 ～ 30℃的狀態下使用。

| 糖煮柳橙

1

整顆柳橙放入熱水中，保持中度沸騰的火力，加足水分煮2小時。避免柳橙浮起，放入網蓋煮。數量多時可採用壓力鍋。

2

煮至軟爛之後，取出置於網架上。趁熱切開，去籽粗略分切。
＊除去苦味，藉由纖維的崩解使糖漿容易滲透。

3

將柳橙塊過濾，取其中的200g。放入鐵氟龍防沾的平底鍋中，加入紅糖、蜂蜜加熱。

4

邊混拌邊熬煮約15分鐘，煮成果醬狀，取170g。
＊熬煮時，若快燒焦也可以補充水分。

| 柳橙水果軟糖

1

繼續加熱糖煮柳橙，加入預先混合的果膠與細砂糖、隔水加熱的葡萄糖，保持沸騰並加熱攪拌。

2

加熱至底部形成薄膜，且可以乾淨地刮下時，熄火。加入與酒石酸溶液混合的柑曼怡干邑白蘭地，混拌。開始凝固。

3

立刻均勻倒入高2mm邊長20cm的方型框模內，開始凝固，所以必須迅速地攤平在模型中，避免重覆抹平。一旦冷卻就能很輕易地剝離，凝固後脫模。

| 咖啡甘那許

1

咖啡鮮奶油溫熱至70～80℃，分成3～4次加入混合了轉化糖的黑巧克力中混拌。

2

粗略混拌後，加入放置成室溫的奶油混拌，移至較深的容器內，以手持攪拌棒攪打使其乳化。

3

以高6mm邊長20cm的方框模框住柳橙水果軟糖，為了容易貼合使用噴槍溫熱表面，倒入半量2的咖啡甘那許，以橡皮刮刀推平。

4

放入冷藏室靜置10分鐘，待表面凝固後，覆蓋矽膠墊，上下矽膠墊夾緊一起倒扣翻面。取下表面的矽膠墊。

5

改以高1cm邊長20cm的方框模框住，為了讓甘那許容易貼合，在表面與3同樣地用噴槍溫熱至略微融化。

覆蓋沾裏

6

其餘的咖啡甘那許，在以噴槍溫熱過容器側面後倒入，以刮刀均勻的推平。於17～18℃的室溫下靜置一夜使其凝固。

＊大量製作時，可以各別製作半量的咖啡甘那許。

1

將夾層脫模，用黑巧克力薄薄地塗抹（chablonner）兩面，分切成2.4cm的方形（→P45）。各別浸入調溫過的黑巧克力中。

2

如基本作法般覆蓋沾裏（→P46），取出置於烤盤紙後立刻擺放貼紙按壓。置於17～18℃的室溫下凝固。

3

凝固後剝除貼紙，用筆蘸取混入金粉的巧克力用色粉，劃出線條圖樣，晾乾。保存於室溫下。

＊在室溫下可保存六週。

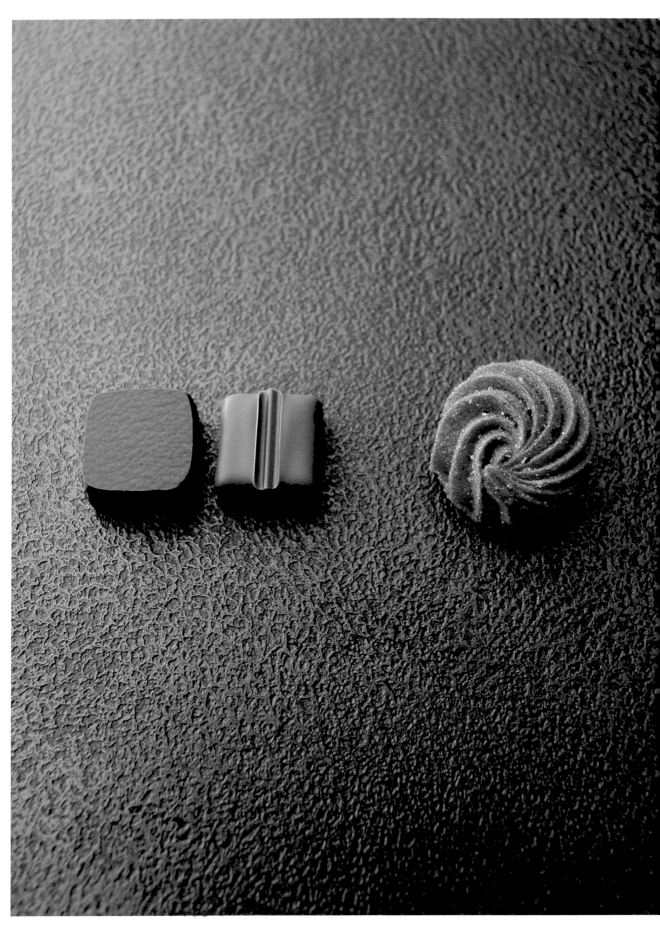

04

創作巧克力
Bonbons originaux

作法和風味的組合具有獨特性和個性的小型巧克力。
在此介紹以濃郁糖漿變化外觀、添加鹽味或酸味的種類

糖果
CANDI

［糖漬（糖果）］

糖化硬度如軟膏（pommade）狀的甘那許
所製成的糖果

分量　直徑3cm 45～50個

⊙糖果（結晶化）用糖漿 sirop à candir

細砂糖 sucre semoule ── 5kg

水 eau ── 2.1kg

⊙打發甘那許 ganache montée

水 eau ── 30g

細砂糖 sucre semoule ── 60g

葡萄糖 glucose ── 80g

煉乳（無糖）Lait concentré sans sucre ── 70g

黑巧克力（可可成分58%）

couverture noire 58% de cacao ── 240g

＊隔水加熱至較40℃略低的溫度使其融化。

奶油 beurre ── 180g

＊置於室溫使其柔軟。

榛果醬（無糖）pâte de noisettes sans sucre ── 20g

＊烘烤型。

⊙巧克力的底座 base de chocolat noir

黑巧克力（可可成分58%）

couverture noire 58% de cacao ── 適量 Q.S.

＊參照P61經典四果巧克力的1～3，製作直徑3cm的底座，
　完成所需分量。

糖果用糖漿

1

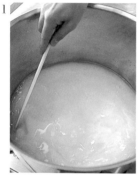

在寬口鍋中放入細砂糖和水加熱，最初僅混拌即可。
＊使用寬口鍋使其迅速冷卻。濃度越濃越容易結晶化，因此最初僅需混拌。

2

沸騰後，以濡濕的毛刷清潔鍋壁，撈除產生的浮渣。插入溫度計，加熱至102～103℃時熄火。

3

為避免表面形成薄膜，所以用鋁箔紙緊貼表面地覆蓋，使其完全冷卻。
＊若是保鮮膜會因熱而收縮。高濃度的糖漿會因衝擊而產生結晶化，需輕巧地進行。

打發甘那許

1

在鍋中放入水、細砂糖、葡萄糖、煉乳加熱，待砂糖粒子溶化成液體後，熄火。
＊成為液體狀很重要。

2

移至缽盆，墊放冰水混拌至溫度降至人體皮膚溫度，備用。巧克力也調整至40℃。

＊為了之後混入的奶油能凝固，調整成略低的溫度。

3

將固態軟膏狀的奶油放入大型缽盆中，再少量逐次加入2的巧克力，以攪拌器混拌。即使殘留奶油塊，也會因熱度而融化。

4

混拌至留有攪拌器的痕跡呈軟膏狀，若過軟時墊放冰水使其冷卻，若過硬則隔水加熱以調整硬度。使其充滿空氣地打發。

5

待成為軟膏狀後，加入榛果醬，充分混拌。

6

分成3～4次將降溫至人體皮膚溫度的2加入5當中混拌，使其乳化。確實打發。

7

待殘留攪拌器的痕跡清楚分明，攪拌器能直立的硬度即已完成。

8

將7裝入放有口徑10mm星型擠花嘴的擠花袋，在黑巧克力的底座上絞擠成玫瑰（花形）。置於室溫12～18小時使其凝固。

9

在略深的方型淺盤中輕輕倒入完全冷卻的糖果用糖漿。接下來，只要予以衝擊就會產生結晶化，所以必須小心進行作業。

10

用刮板將8逐一從墊子上剝離，避免掉落慎重仔細地放入糖漿中。有花紋圖樣的部分朝下浸泡。除去結晶化的糖漿。

11

在方型淺盤的四個角落放置略高於小型糖果的模型，再於其上擺放網架，使小型糖果能完全浸泡在糖漿中不浮出。

12

放置烤盤紙，再擺放重石放置24小時。

＊放置在不會受到撞擊的地方。

13

除去上方固定物，輕巧的將12的花紋圖樣面朝上，排放在架於方型淺盤的網架上，靜置24小時。糖漿會變成晶亮的結晶。

＊在室溫下可保存6～8週。

番茄・羅勒
TOMATE ET BASILIC

［甜味＋鹹味（Sucré Salé）］

能享受鹹味番茄加上羅勒風味的樂趣

分量　2cm方形 100個　＊預備20cm正方形、高2、5、8mm的3種方框模。

⊙糖漬番茄 tomates confites —— 取其中的150g
番茄 tomates —— 中等大小約10個
＊汆燙去皮，縱向切成4等分，去籽。
橄欖油 huile olive —— 適量Q.S.
鹽 sel —— 適量Q.S.

⊙羅勒風味甘那許 ganache au basilic
羅勒鮮奶油 crème au basilic —— 取其中的130g
鮮奶油 crème fraîche —— 150g
新鮮羅勒葉 feuilles de basilic fraîche —— 15g

黑巧克力（可可成分58%）couverture noire 58% de cacao —— 220g
＊隔水加熱至40～45℃融化。
轉化糖 sucre inverti —— 20g
奶油 beurre —— 30g
＊置於室溫使其柔軟。

⊙覆蓋用 pour enrobage
＊凹凸花紋圖樣的貼紙，裁切成略大於小型糖果的正方形，預備所需分量。
黑巧克力（可可成分58%）
couverture noire 58% de cacao —— 適量Q.S.
＊調溫。也可僅融化塗抹（chablonner）用的部分。

| 糖漬番茄

1

番茄排放在矽膠墊上，每片都塗刷一點橄欖油和撒上一小撮鹽，放入100℃的旋風烤箱，烤約1個多小時，使其乾燥。

2

表面會產生皺摺，觸摸時內側柔軟且帶有水分的狀態，即可從烤箱中取出。

3

以食物料理機攪打成膏狀，放入樹脂加工的不沾平底鍋內，用小火加熱。
＊攪打成比食物切碎機更細。有粒狀殘留也沒關係。

4

邊混拌邊使其水分揮發。鍋底形成薄膜，可以刮除離鍋的程度即可離火。
＊除去水分後，在後續的矽膠墊上也會變得容易剝離。

5

將4倒入邊長20cm、高2mm的方框模中，均勻攤平。會立即冷卻，所以冷卻後即可脫模，再以邊長20cm、高5mm的方框模框住。

| 羅勒鮮奶油

1

將鮮奶油和羅勒葉放入鍋內，加熱使其沸騰。蓋上鍋蓋，放置1小時使香氣移轉。因顏色會變黃，所以不要放置超過這個時間。

2

完全冷卻後過濾至鍋中，取130g備用。

| 羅勒風味甘那許

1

羅勒鮮奶油溫熱至70～80℃。分成3～4次加入混合轉化糖的黑巧克力中混拌。

2

混拌產生黏性後，加入放置成常溫的奶油，粗略混拌。

3

將2移至較深的容器內。以手持攪拌棒攪打使其乳化。

4

在糖漬番茄上擺放3攤平。儘可能減少攤平的動作以保持其滑順感。放入冷藏室靜置10分鐘，待表面凝固。

5

在4上覆蓋矽膠墊後翻面，取下表面的矽膠墊。改用相同大小高8mm的方框模，以噴槍溫熱容器側面，倒入剩餘的甘那許，以刮刀均勻推平。

6

以刮板均勻表面，置於17～18℃的室溫凝固，脫模。用黑巧克力薄薄地塗抹（chablonner）兩面（→P45），乾燥後分切成2cm的正方形。

| 覆蓋沾裹

1

夾層部分各別浸入調溫過的黑巧克力中，如基本作法般覆蓋沾裹放置於烤盤紙上（→P46）。

2

立刻放上裁切好的貼紙輕輕按壓。

3

完成所有的覆蓋沾裹之後，置於17～18℃的室溫下使其確實凝固。凝固後剝除貼紙。

＊在室溫下可保存六週。

薑味 • 巴薩米可醋
GINGEMBRE BALSAMIQUE

［酸味＋甜味（aigre-doux）］

酸味中隱約帶著薑的香氣

分量　2cm 正方形 100 個　＊預備 20cm 方形、高 8mm 的方框模。

⊙薑味甘那許 ganache au gingembre

薑味鮮奶油 crème au gingembre —— 取其中的 125g

　┌鮮奶油 crème fraîche —— 150g

　└生薑（磨泥）gingembre frais râpé —— 15g

巴薩米可醋 vinaigre balsamique —— 150g

葡萄糖 glucose —— 20g

牛奶巧克力（可可成分 38%）couverture au lait 38% de cacao ——　185g

黑巧克力（可可成分 58%）couverture noire 58% de cacao —— 200g

＊兩種巧克力各別隔水加熱至 40 ～ 45℃融化。

巴薩米可醋（陳年）vieux vinaigre balsamique —— 20g

⊙覆蓋用 pour enrobage

＊攪拌用吸管（Stiring Straw）切成適當大小，預備所需分量。

牛奶巧克力（可可成分 38%）couverture au lait 38% de cacao ——　適量 Q.S.

＊調溫。也可僅融化塗抹（chablonner）用的部分。

| 薑味鮮奶油 | | 薑味甘那許 | |

1

將鮮奶油加熱，待散發蒸氣煮至60～70℃時熄火，加入生薑混拌。高溫的鮮奶油中加入生薑會致使分離。

2

直接放置15分鐘。使薑味香氣移轉至鮮奶油後，過濾取125g

1

150g的巴薩米可醋放入寬口鍋中加熱，避免燒焦熬煮濃縮至50g。熄火，加入薑味鮮奶油和葡萄糖混拌。

2

混合2種各別融化的巧克力，將1分成3～4次加入混拌。為更凸顯巴薩米可醋的風味，而使用柔和的牛奶巧克力。

| 覆蓋沾裏 |

3

加入陳年的巴薩米可醋，混拌。
＊因為有巧克力，所以不添加奶油。

4

將3移至較深的容器內。以手持攪拌棒攪打使其乳化。倒入邊長20cm高8mm的正方框模中，以刮刀推開。

5

以刮板均勻表面，置於17～18℃的室溫使其凝固。凝固後，用融化的牛奶巧克力薄薄地塗抹（chablonner）兩面（→P45）乾燥後分切成2cm的方形。

1

將甘那許各別浸入調溫過的牛奶巧克力中，如基本作法般覆蓋沾裏放置於烤盤紙上（→P46）。

2

在1的中央放置裁切好攪拌用的吸管輕輕按壓。

3

完成所有的覆蓋沾裏與擺放吸管之後，置於17～18℃的室溫下使其確實凝固。凝固後剝除吸管。
＊在室溫下可保存六週。

05

巧克力棒
Barres

形狀為棒狀（Barres）的巧克力。比Bonbon巧克力糖略大，
因而可以夾入各式各樣的內餡，變化不同口感

柑橘風味的巧克力棒
BARRES AUX AGRUMES
[以矽膠製模型塑形而成]

堅果帶著芳香，爽脆酥鬆。
雖然較大但卻輕盈的巧克力

分量　8.5×2cm 40個　＊預備8.5×2cm、高3cm的矽膠模型（訂製）。

⊙榛果脆餅 croustillant noisettes
＊8.5×2cm的長方形模，預備所需分量。
香草莢 gousse de vanille —— 1根
＊縱切刮出種籽使用。
奶油 beurre —— 170g
＊置於室溫使其柔軟。
鹽之花 fleur de sel —— 2小撮
細砂糖 sucre semoule —— 170g
百合花法國粉 LYS D'OR —— 40g
＊日清製粉業務用法國麵粉。
榛果碎（去皮）noisettes hachées —— 170g

牛奶巧克力噴霧
pistolet de chocolat au lait（→ P222）—— 適量 Q.S.

⊙糖煮柑橘類 compote agrumes
柳橙 orange pochée —— 燙煮200g
萊姆 citron vert pochée —— 燙煮100g
柚子 yuzu pochée —— 燙煮100g
＊預備以上3種柑橘類的新鮮水果，約是上述重量的1.5～
　2倍，參考P97糖煮柳橙的1～3，燙煮、切碎過濾。
蜂蜜 miel —— 60g
葡萄糖 glucose —— 60g
果膠 pectine —— 4g
細砂糖 sucre semoule —— 40g
紅糖 cassonade —— 180g

⊙榛果填餡 garniture noisette
牛奶巧克力（可可成分40%）
couverture au lait 40% de cacao —— 60g
＊隔水加熱至40～45℃融化。
占度亞巧克力堅果醬 gianduja —— 200g
＊隔水加熱使其融化。
榛果帕林內 praliné aux noisettes（→ P20）—— 200g
巧克力牛軋糖 nougatine au chocolat（→ P88）—— 80g
＊參照P88的1～6，切碎。
脆片 feuilletine（→ P90）—— 70g

⊙色塊 plaquettes en couleurs
＊將吸管適度地切斷，預備所需分量。
綠、紅、黃、橙的巧克力用色粉
colorant vert, rouge, jaune et orange pour décor de
chocolat（→ P224）—— 適量 Q.S.
＊紅和黃色粉混合製作出橙色，預備4種顏色。
白巧克力 couverture blanche —— 適量 Q.S.
黑巧克力（可可成分58%）
couverture noire 58% de cacao —— 適量 Q.S
＊各別調溫。

⊙塑形用 pour moulage
黑巧克力（可可成分58%）
couverture noire 58% de cacao —— 適量 Q.S.
＊調溫。也可僅融化塗抹（chablonner）用的部分。

1

在奶油中混入香草籽，再與鹽之花、細砂糖、麵粉一起混合。

＊因為是不添加水分的麵團，所以香草與奶油混拌。

2

重覆抓握般地使其混合。均勻即可。

＊奶油在製作厚麵團時，放至回復室溫，薄麵團時，使用融化奶油。

3

加入榛果碎，同樣混拌。取出放至矽膠墊上，用手掌大致延展。因體溫會使奶油融化，必須迅速進行。

4

將3放在烤盤紙上，以擀麵棍薄薄地擀壓成榛果碎顆粒狀的厚度。

＊因巧克力棒會層疊各種材料，要避免麵團特別突出，儘可能薄薄擀壓成1mm的程度。

5

擺放在矽膠墊上，冷藏使其緊實。乾淨地從矽膠墊上剝除，並除去矽膠墊。

＊因為是奶油較多的麵團，藉由冷藏使其緊實。

6

以內側刷塗油脂（分量外）的8.5×2cm的長方型模，壓出40片，連同模型排在矽膠墊上。殘餘的麵團整合使用。

7

避免麵團浮出地用手指按壓。放入150℃的旋風烤箱，烘烤成棕色約10～12分鐘。沒有模型時，可以烘烤後再分切。

8

烘烤後用木棒按壓脫出模型，排放在另外的矽膠墊上放涼。

＊因容易破損所以使用木棒。

9

為防止潮濕，用牛奶巧克力噴霧噴撒表面。單面結束後，以刮板翻面在反面也進行噴霧。晾乾備用。

1

燙煮並過濾後的3種柑橘類，放入樹脂加工的不沾平底鍋中，再加入溫熱具流動性的蜂蜜、葡萄糖加熱，使蜂蜜和葡萄糖溶入混合。

2

待至40～50℃時，加入預先混合好的果膠與細砂糖，混拌使其融化。

3

沸騰後加入紅糖，避免燒焦邊混拌邊熬煮15～20分鐘，熬煮成容易絞擠的硬度。因紅糖容易燒焦，所以最後再添加。

塑形（用矽膠製模型）

1

將矽膠模放在網架上，刷塗以溫度略低完成調溫的黑巧克力，避免留下空洞。
＊溫度略低立即可以凝固。

2

立即在1的模型中倒入巧克力，翻面。
＊矽膠模型因柔軟容易損壞，所以架在網架上進行。

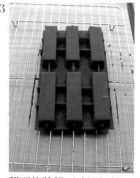

3

翻面的狀態下連同網架一起放置在烤盤紙上。
＊避免扭動到模型，連同網架一起移動。

4

比小型糖果更早，趁尚未凝固時，刮平表面，儘早放入中間的填餡。
＊因模型較柔軟，所以變硬時用力刮平時，就會導致破損。

榛果填餡

1

融化的牛奶巧克力缽盆中加入占度亞巧克力堅果醬，以刮刀混合，墊放冰水，從側面刮起材料混拌，使溫度均勻下降。

2

待降至30～35℃時，加入榛果帕林內、切碎的巧克力牛軋糖、脆片，由底部翻起般混拌。

3

用湯匙將2舀入塑形過的模型中，填至模型的2/3，並均勻表面。
＊先填入硬質的2，可以保持其強度。

4

糖煮柑橘類裝入擠花袋內，在模型內分別擠出長條，上方再次用湯匙舀入榛果填餡。

5

用手指按壓出上方的空間，再次各別舖放1片榛果脆餅，並使表面留下2mm的空間。

覆蓋

1

連同模型一起放置在托盤中，舀上調溫過的黑巧克力推展後，以刮板平整地刮平表面。因模型較柔軟，所以在托盤上進行。

2

不黏手時，再次以橡皮刮刀舀上巧克力，輕輕地推開後再刮平。置於17～18℃的室溫下一夜，使其凝固。

完成

1

依照黃、橙、紅、綠的順序，以刷子將巧克力用色粉刷在貼紙上，如基本作業般薄薄推開白巧克力和黑巧克力，製作出色塊（→P196）。

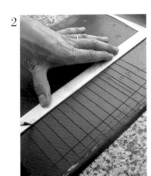

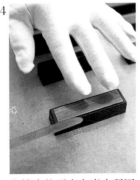

2

觸摸不會沾黏時,分切成
1.5×8cm的大小。疊上紙
和烤盤,以避免捲起,置
於室溫下凝固。

3

將巧克力棒脫出模型。將
融化的黑巧克力裝入紙捲
擠花袋內,擠出線條。

4

在擠出的巧克力尚未凝固
前,避免留下指紋地戴上
手套,各別擺放上1片2
的色塊。重覆3～4的作
業,待全部完成後,置於
室溫下。

＊室溫可保存六～八週。

焦糖杏仁巧克力棒
BARRES CARAMEL AMANDES
［沾裹包覆型］

黏稠、香脆。
焦糖和堅果的口感充滿對比的樂趣

分量　8.5×2cm　長方形 40個
⊙酥底 streusel
＊8.5×2cm的長方形模型，預備所需分量。
奶油 beurre —— 100g
紅糖 cassonade —— 100g
百合花法國粉 LYS D'OR —— 100g
杏仁粉 amandes en poudre —— 100g
鹽之花 fleur de sel —— 1g

牛奶巧克力噴霧
pistolet de chocolat au lait（→P222）—— 適量 Q.S.

⊙軟焦糖 caramel mou
＊以下述分量如基本步驟製作（→P32），用8×33cm的模
　型使其凝固。
鮮奶油 crème fraîche —— 250g
香草莢 gousse de vanille —— 1/2根
細砂糖 sucre semoule —— 200g
葡萄糖 glucose —— 75g
細砂糖 sucre semoule —— 50g
奶油 beurre —— 12g
鹽之花 fleur de sel —— 1g

⊙杏仁混合餡料 mélange d'amandes
＊預備8.5×2cm、高3cm的矽膠模型（訂製）。
占度亞黑巧克力杏仁醬
gianduja noir aux amades（→P23）—— 200g
黑巧克力（可可成分70%）
couverture noire 70% de cacao —— 80g
＊切碎。

巧克力脆米花 riz soufflé chocolat —— 80g
＊米花裹上巧克力的成品。
焦糖杏仁碎
amandes hachées caramélisées（→P65）—— 200g

⊙覆蓋用 pour enrobage
黑巧克力（可可成分58%）
couverture noire 58% de cacao —— 適量 Q.S
＊調溫。

⊙裝飾用 pour décor
牛奶巧克力（可可成分38%）
couverture au lait 38% de cacao —— 適量 Q.S.
＊調溫。

酥底

1

全部的材料放入缽盆中混
合，以手抓握般地邊按壓
邊將其整合。待可以乾淨
地整合成團時即可。

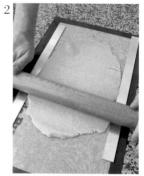

2

放在矽膠墊上，擀壓成
3mm的厚度。
＊若會沾黏則可蓋上烤盤紙
再擀壓。

3

確實地刺出孔洞，擺放在矽膠墊上，直接放入冷凍室稍加靜置使其緊實，翻面。

杏仁混合餡料

4

取下矽膠墊，刺出孔洞。因麵團容易坍塌，所以用矽膠墊包夾，再次放入冷凍室30分鐘。可以使接下來的模型按壓更方便進行。取下矽膠墊。

5

參照P111的榛果脆餅，以同樣的模型按壓，連同模型一起放入150℃的烤箱烘烤20～25分鐘，使其確實烘烤至乾燥，趁熱脫模。

6

與榛果脆餅步驟9相同，進行牛奶巧克力噴霧，以防止潮濕保持口感。

1

將占度亞黑巧克力杏仁醬和切碎的黑巧克力放入缽盆中，隔水加熱使其融化。

2

完全融化後，墊放冰水，調整至30～35℃，加入巧克力脆米花和焦糖杏仁碎混拌。
＊30～35℃是立刻凝固的溫度。

3

將軟焦糖切成長8cm、寬5～6mm的大小。

覆蓋沾裹

4

用湯匙將2的杏仁混合餡料舀入8.5×2cm的矽膠模型中，填至模型一半，再放入1條3的焦糖。再放入一層2並以湯匙背平整表面。

5

在17～18℃的室溫下讓4凝固，脫模，突出的部分以刀子切除整理形狀。底部蘸取調溫過的黑巧克力。

6

在完成噴霧的酥底上擺放5按壓，使其緊密貼合。

1

將完成的夾層浸入調溫過的黑巧克力中，上下移動盡量薄薄地沾裹（→P46）。

2

將1置於烤盤紙上，待全部作業結束後，將調溫過的牛奶巧克力裝入紙捲擠花袋內，擠出表面裝飾。
＊室溫可保存六～八週。

06

填餡板狀巧克力
Tablettes fourrées

中間裝填了占度亞巧克力堅果醬或帕林內等的填餡板狀巧克力。

Fourrees 就是「填餡」的意思，

使用的是較板狀巧克力略深的模型。

此外，也比小型糖果的沾裹包覆層更厚。

添加芝麻杏仁帕林內的
板狀巧克力
TABLETTES FOURRÉES AUX
PRALINÉ AMANDES ET
SÉSAMES

添加芝麻的帕林內，香氣豐郁

分量　16×8cm 12片　＊預備16×8cm、高1.2cm的板狀巧克力模。

⊙芝麻夾層 intérieur aux sésames

黑巧克力（可可成分70%）couverture noire 70% de cacao ── 120g

＊隔水加熱至40～45℃融化。

可可脂 beurre de cacao ── 120g

＊融化。

芝麻杏仁帕林內 praliné aux amandes et sésames（→P22）── P22的2倍分量（1200g）

⊙塑形用 pour moulage

黑巧克力（可可成分58%）couverture noire 58% de cacao ── 2kg

＊調溫。

POINT

填充了夾心的板狀巧克力，分隔的凹槽塑
形，也是覆蓋沾裹的基準。板狀或塑形的一
口巧克力 bouchée（→P126），都是為了沾裹
上較厚的巧克力增加強度。

作業時放入模型中的巧克力緩慢地翻面、降
低巧克力的溫度等，使其能厚厚地覆蓋沾裹。

1

與小型巧克力模型同樣地用綿布充分擦拭模型的凹槽，用刷子刷塗調溫過的黑巧克力。大量製作時，用噴霧噴撒較有效率。

2

將巧克力倒入1。

3

用刮板刮除上面多餘的巧克力，模型朝下輕輕敲叩，以除去氣泡。

4

為使能厚厚地覆蓋沾裏，緩慢地翻面倒出巧克力，輕敲側面。用刮板刮落多餘的巧克力。

芝麻夾層

5

倒放4，架在2根鐵棒上。觸摸不沾黏時，以刮板削去表面。立刻填裝夾層。

1

混合融化的黑巧克力和可可脂，墊放冰水，邊混拌邊使其降溫至30～35℃。將此加入芝麻杏仁帕林內。

2

充分混拌1。
＊板狀巧克力會掰開享用，所以不會填裝會溶出的材料。因此冷卻使其產生硬度。

3

用擠花袋將2避免擠至凹槽地擠至塑形後的模型內，連同模型向下敲叩，使其均勻。放入冷藏室約10分鐘使表面凝固後取出。

覆蓋

1

用橡皮刮刀輕柔地將調溫過的黑巧克力均勻塗抹。若有不均勻之處則用刮板均勻填平。

2

在室溫下立即凝固，因此接著要以刮板薄薄地重覆層層塗抹巧克力。置於室溫下觸摸也不會沾黏時，用刮板刮平表面。

3

在17～18℃的室溫下凝固。凝固後向下敲叩，脫模。保存於室溫下。
＊因為薄很容易脫膜。在室溫下可保存六～八週。

添加百香果和
占度亞巧克力堅果醬的板狀巧克力
TABLETTES FOURRÉES
FRUIT DE LA PASSION ET
GIANDUJA

醇濃的占度亞巧克力堅果醬中
帶著微酸的對比風味

分量　10cm正方形12片　＊預備10cm正方形、高1.2cm的板狀巧克力模。

百香果軟糖 pâte de fruit de la Passion（→P38）——— 20cm的方框模1個（P38的全量）

＊參照P38製作，加熱至105℃略為柔軟地完成，用攪拌機也較容易攪打成膏狀。

占度亞牛奶巧克力榛果醬 gianduja noir aux noisettes（→P24）——— P24的全量

⊙塑形用 pour moulage

牛奶巧克力（可可成分38%）couverture au lait 38% de cacao ——— 2kg

＊調溫。

塑形		夾層	

 1

 2

 1

 2

參照P119塑形的步驟1～4，用刷子將調溫過的牛奶巧克力刷塗後倒入，緩慢地倒出，使其形成厚實的覆蓋沾裹。

參照P119塑形的步驟5，最後用刮板刮平表面。
＊能看出間隔凹槽的程度即可。

水果軟糖以攪拌機攪打，放入填充器，避免溢出模型凹槽地擠滿。

占度亞牛奶巧克力榛果醬隔水加熱使其融化，加熱至略低於人體皮膚溫度（流動狀），如覆蓋般地絞擠在水果軟糖上面。

	覆蓋		

 3

 1

 2

 3

將2連同模型一起敲叩使其平整，置於冷藏室10分鐘，表面凝固後，取出。

以橡皮刮刀輕柔地均勻舀入調溫過的牛奶巧克力，若有不均勻之處則用刮板將其均勻填平。

在室溫下立即凝固，因此接著要以刮板薄薄地重覆層層塗抹上巧克力。置於室溫下觸摸也不會沾黏時，用刮板刮平表面。

在17～18℃的室溫下凝固。凝固後立刻向下敲叩，脫模。保存於室溫下。
＊因為薄很容易脫膜。在室溫下可保存六～八週。

07

一口巧克力糖
Bouchées

所謂的 Bouchées，本來是「一口」的意思，
在巧克力的範疇中，指的是大一點的巧克力糖。
通常較小型糖果略大，若是夾層味道過於單調、
口味過度濃重，則無法美味地品嚐至最後。
所以特徵即是在口感或風味上增添各種變化。

牛奶岩礁
ROCHER LAIT

添加烘烤過的堅果
使濃郁的帕林內也多了輕盈感

分量　直徑4cm 40個

⊙夾層 intérieur

榛果帕林內 praliné aux noisettes（→P20）—— 300g

榛果醬（無糖）pâte de noisettes sans sucre —— 300g

＊烘烤型。

牛奶巧克力（可可成分40.5%）couverture au lait 40.5% de cacao —— 360g

＊隔水加熱至40～45℃融化。

杏仁片 amandes effilées —— 90g

＊放入150～160℃的旋風烤箱烘烤10～15分鐘。

脆片 feuilletine（→P90）—— 60g

⊙覆蓋用 pour enrobage

牛奶巧克力（可可成分38%）couverture au lait 38% de cacao —— 1kg

＊調溫。將夾層置於手中覆蓋沾裹時，調溫巧克力能更快結晶化。

杏仁碎 amandes hachées —— 300g

＊放入150～160℃的旋風烤箱烘烤10～15分鐘。焦糖化可以讓味道更加馥郁豐厚。

1

放入缽盆的榛果帕林內當中，再加入榛果醬混拌。

2

將融化的牛奶巧克力加入1，邊混拌邊冷卻至30～35℃。

3

將烘烤過的杏仁片和脆片加入2，由底部翻起般混拌。

4

將3倒入適當大小的方框模，於室溫下凝固。凝固至刀子可以酥脆切下的硬度。

5

脫模，用刀子切成3～4cm的大小。
＊大小依個人喜好即可，但因覆蓋沾裏巧克力，所以請依此斟酌味道的濃郁程度。

6

以戴上橡膠手套的掌心將5滾圓。藉由體溫使表面融化滾圓。

7

用手蘸取調溫過的牛奶巧克力，邊轉動邊使6表面沾裏。待表面形成薄膜後，會比較容易進行接下來的覆蓋沾裏作業。

1

將烘烤過的杏仁碎加入其餘的調溫牛奶巧克力當中，混拌。

2

各別將夾層放入1，如基本作法般覆蓋沾裏（→P46）。

3
取出放置於烤盤紙上。完成所有的覆蓋沾裏後，置於17～18℃的室溫下一夜，使其乾燥凝固。保存於室溫之下。
＊在室溫下可保存二個月。

一口洋梨
BOUCHÉE POIRE

一顆充滿了4種風味和口感

分量　直徑3.5cm、高3.5cm的彈頭形24個

⊙香酥脆餅 croustillant

巧克力砂布列麵團（完成烘烤）

pâte sablée au chocolat cuite —— 150g（P141約1/2分量）

＊參考P141的1～6製作，同樣烘烤備用。使用剩餘麵團即可。

焦糖胡桃碎 noix de pécans hachées caramélises —— 60g

＊與P65的焦糖杏仁碎相同技巧，用切碎的胡桃代替杏仁粒製作。

脆片 feuilletine（→P90）—— 30g

牛奶巧克力（可可成分38%）

couverture au lait 38% de cacao —— 75g

＊隔水加熱至40～45℃融化。

可可脂 beurre de cacao —— 10g

＊融化。

⊙洋梨杏仁膏 pâte d'amandes aux poires

糖果用杏仁膏 Pâte d'amandes confiseur（→P31）—— 250g

洋梨白蘭地 eau-de-vie de poire —— 80g

洋梨軟糖 pâte de fruit poire（→P36）—— P36的1/2分量

＊如基本作業般製作，倒入20cm的方框模內使其凝固（→P36）。
　厚度為5mm。

⊙黑巧克力甘那許 ganache noire

鮮奶油 crème fraîche —— 120g

轉化糖 sucre inverti —— 15g

黑巧克力（可可成分66.5%）

couverture noire 66.5% de cacao —— 190g

＊隔水加熱至40℃使其融化。

奶油 beurre —— 15g

＊置於室溫使其柔軟。

⊙塑形用 pour moulage

黃色的色粉噴霧

pistolet de colorant jaune（→P222）—— 適量 Q.S.

綠色的色粉噴霧

pistolet de colorant vert（→P222）—— 適量 Q.S.

＊在完成噴霧的黃色中添加少量的藍色色粉就是綠色了。

白巧克力 converture blanche —— 1kg

可可脂 beurre de cacao —— 500g

＊上述白巧克力隔水加熱至40～45℃融化，再加入融化的
　可可脂混拌，調溫。

黑巧克力（可可成分58%）

couverture noire 58% de cacao —— 1kg

＊調溫。

香酥脆餅 croustillant

1

烘烤過的巧克力砂布列麵
團，粗略壓碎後用擀麵棍
將其碾碎。

＊用攪拌機打碎也可以

2

在缽盆中混合1和焦糖胡桃碎、脆片。

3

混合融化的牛奶巧克力和可可脂,加入2。

4

用戴了橡皮手套的手,如沾裹覆蓋巧克力般地混合堅果和烤過的香酥脆餅。
＊巧克力的分量是仍可保留酥脆口感的程度。

5

取出4放置於矽膠墊上,覆蓋烤盤紙擀壓成胡桃碎單粒的厚度。放入冷藏室。

| 塑形

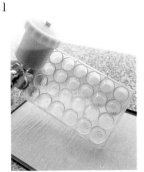

1

以洋梨顏色為主,在模型中噴撒黃色色粉,乾燥後再噴撒綠色色粉。暫時放置於室溫使其凝固。

2

將混合白巧克力和可可脂調溫後的巧克力倒入1的模型中。
＊因為想呈現薄透感,所以使用了添加可可脂的巧克力。

3

略為晃動後,倒出巧克力,在盛裝巧克力的方型淺盤上架放2條鐵棒,倒扣地架放模型。

4

觸摸不會沾黏時,直接以刮板刮除表面後翻面,再次將表面乾淨地刮平。

5

將調溫過的黑巧克力倒入4,敲叩底部使空氣排出。

6

用刮板平整表面,將模型翻面倒出巧克力,輕敲側面。
＊此時有厚度的沾裹也可以,所以輕敲即可。

7

倒扣的狀態下刮除表面,在烤盤紙上放置2根相同厚度的鐵棒,模型直接倒扣地移放。

8

稍加放置呈黏土狀不會沾黏時,再以刮板刮除表面。保持原狀地放置於17～18℃的室溫下一夜,使其凝固。

1

將糖果用杏仁膏放入鉢盆中，少量逐次加入洋梨白蘭地，以刮刀混拌。

2

待其柔軟後，改以橡皮刮刀混拌至呈滑順狀態為止。

3

將2少量地擠在塑形後的模型底部。

4

以直徑2.5cm的切模，將洋梨軟糖按壓出配方的數量。

| 黑巧克力甘那許

5

將4按壓至3當中。同樣地以直徑2.5cm的切模將香酥脆餅按壓出配方的數量備用。破了也沒關係。

1

在融化的巧克力中，分成3～4次加入溫熱至70～80℃混合了轉化糖的鮮奶油。加入放置成常溫的奶油，粗略混拌。

2

將2移至較深的容器內，以手持攪拌棒攪打使其乳化。

3

將2放入擠花袋內，剪去前端，將甘那許絞擠至放有水果軟糖的模型中至7分滿。

| 覆蓋

4

將5按壓出的香酥脆餅放入，壓在3的上方。

＊香酥脆餅是為使表面呈現出香脆的口感並防潮。

5

將調溫過的黑巧克力放在模型上推展，表面以刮板刮平。待觸摸表面不沾黏時，再次舀上巧克力。

6

將巧克力推展後，以刮板刮平表面。置於17～18℃的室溫下凝固。

7

將模型向下敲叩，脫模。保存於室溫下。

＊在室溫下可保存六週。

5

巧克力運用在
烘烤糕點・免烤糕點

Exploiter le chocolat
pour les gâteaux

Boisson（飲品）
Gâteaux Voyage（旅行蛋糕）
Petit Gâteaux（小蛋糕）
Entremets（多層糕點）
Verrines（玻璃杯點心）

柚子風味的巧克力冷飲
BOISSON CHOCOLATÉE FRAÎCHE AUX YUZUS

柚子香氣與濃郁巧克力的組合

分量　完成時1L（6～8人份）

牛奶 lait —— 625g

鮮奶油 crème fraîche —— 375g

細砂糖 sucre semoule —— 15g

可可粉 cacao en poudre —— 10g

柚子皮 zestes de yuzu —— 5個

可可塊 pâte de cacao —— 25g

牛奶巧克力（可可成分40.5%）couverture au lait 40.5% de cacao —— 225g

＊可可塊和牛奶巧克力切碎。

POINT

用於巧克力飲品時，巧克力的分量占全體分量的25%，是最大極限。超過此比例時，味道會過於沈重。

1

將牛奶、鮮奶油、細砂糖、可可粉放入鍋中，加入磨成泥狀的柚子皮，加熱煮至沸騰。

2

沸騰後熄火，加入切碎的可可塊和牛奶巧克力。

＊牛奶會蓋掉風味，所以用可可塊來補強。

3

混拌融化後，移至其他容器，避免表面產生薄膜地緊貼覆蓋上保鮮膜，降溫。在冷藏室靜置一夜，會更釋出柚子的香氣。

4

以圓錐形濾網過濾3，用橡皮刮刀邊按壓邊確實進行過濾。

5

在供餐享用前再次以手持攪拌棒攪打使其滑順，倒入玻璃杯。

香料風味的巧克力熱飲
BOISSON CHOCOLATÉE CHAUDE AUX ÉPICES

充滿著異國風情的豐郁風味

分量　完成時 1L（8 ～ 10 人份）

香草莢 gousse de vanille —— 2 根

肉桂棒 bâton de cannelle —— 12g

八角 anis étoilé —— 1 個

丁香 clous de girofle —— 2 個

黑胡椒 poivre noir —— 1g

牛奶 lait —— 875g

鮮奶油 crème fraîche —— 125g

可可粉 cacao en poudre —— 10g

細砂糖 sucre semoule —— 25g

牛奶巧克力（可可成分 40%）

couverture au lait 40% de cacao —— 125g

黑巧克力（可可成分 66%）

couverture noire 66% de cacao —— 125g

＊2 種巧克力切碎混合。

縱向剖開香草莢刮出香草籽，將黑胡椒以外的香料用擀麵棍等敲碎以釋放出香氣。

牛奶、鮮奶油、可可粉、細砂糖和 1 一起放入鍋中，加入碾磨的胡椒。

＊藉由添加胡椒可以烘托出辛香料風味。

將 2 加熱，邊混拌邊使其沸騰。熄火，移至其他容器，避免表面產生薄膜地貼合覆蓋上保鮮膜，降溫。在冷藏室靜置一夜。

用圓錐形濾網過濾靜置一夜，香氣更加釋放。用橡皮刮刀將 3 邊按壓邊確實進行過濾。

從 4 中取出使用分量加熱，使其沸騰。不熄火地添加切碎的黑巧克力和牛奶巧克力的所需分量，再次煮至沸騰後熄火。

放入較深的容器內，以手持攪拌棒攪打至滑順後，倒入玻璃杯。

＊巧克力約占全體分量的 20% 左右。

占度亞虎紋蛋糕
TIGRÉ GIANDUJA

費南雪般的美好風味

分量　直徑7cm的薩瓦蘭模15～16個

⊙麵團 pâte
奶油 beurre —— 150g
蛋白 blanc d'œuf —— 140g
轉化糖 sucre inverti —— 20g
細砂糖 sucre semoule —— 105g
杏仁粉 amandes en poudre —— 165g
百合花法國粉 LYS D'OR —— 35g
巧克力豆 pépites de chocolat —— 70g

模型用奶油 beurre pour moules —— 適量 Q.S.
＊置於室溫使其回溫呈軟膏狀。

⊙占度亞甘那許 ganache gianduja
黑巧克力（可可成分70%）
couverture noire 70% de cacao —— 40g
＊隔水加熱至40℃使其融化。
占度亞黑巧克力杏仁醬
gianduja noir aux amades（→P23）—— 80g
＊融化。
葡萄糖 glucose —— 15g
鮮奶油 crème fraîche —— 120g

| 麵糊

1

將奶油放入鍋中加熱，製作焦化奶油。待出現如啤酒般細小的氣泡，開始呈色後，避免燒焦立即熄火。移至缽盆放涼至人體皮膚溫度。

2

清潔1的鍋底。過度加熱時，蛋白質會燒焦，香氣也會變差。beurre noisette（焦化奶油）的意思是帶著榛果香氣的奶油。

3

蛋白放入缽盆中，以攪拌器縱向來回動作地打散。

4

變成液態後，加入轉化糖以圈狀混拌，加入細砂糖同樣地混拌。

5

加入杏仁粉以圈狀混拌。

6

變得滑順後，將冷卻至人體皮膚溫度的1加入，同樣地混拌。

7

待呈現均勻的膏狀時，過篩加入麵粉，同樣地混拌至粉類完全消失為止。

8

加入巧克力豆，改以橡皮刮刀邊轉動缽盆，邊如切開般地進行混拌。用保鮮膜覆蓋後放入冷藏室一夜（保存一週也OK）。

9
用刷子將軟膏狀的奶油刷塗至薩瓦蘭模中，用未裝擠花嘴的擠花袋將8絞擠至模型中。

10
用刮板按壓，使中央略呈凹陷地均勻表面。

＊在烘烤時中央會膨脹起來，因此使中央略呈凹陷，烘烤後的隆起則會呈現平坦狀。

11
以180℃的旋風烤箱烘烤約15分鐘。因熱氣會燜蒸，所以烘烤完成後立即脫模，倒扣排放在網架上放涼備用。

1
融化的黑巧克力中添加占度亞巧克力堅果醬混拌。

2
葡萄糖和鮮奶油溫熱至人體皮膚溫度地加入1當中，以橡皮刮刀緩緩地混拌。

＊為了4能容易絞擠，使用低溫的鮮奶油。

3
均勻混拌後，放入較深的容器內，用手持式攪拌棒混拌使其乳化。

4
將3放入擠花袋內，剪開前端，滿滿地絞擠入放涼的蛋糕凹槽內。

巧克力栗子蛋糕
CAKE AU CHOCOLAT ET MARRON

因為添加了栗子，使得巧克力風味更為豐富

分量 4×10cm的長方形24個 ＊預備底部1.5×7cm突起4×10cm、高2.5cm的矽膠模型（訂製）。

⊙栗子風味蛋糕 pâte à cake aux marrons

糖漿漬栗子（切碎）marrons confits hachés —— 180g

深色蘭姆酒 rhum brun —— 45g

奶油 beurre —— 225g

＊放至回復室溫。

糖粉 sucre glace —— 135g

栗子泥 crème de marrons —— 225g

全蛋 œuf entier —— 285g

百合花法國粉 LYS D'OR —— 285g

泡打粉 levure chimique —— 18g

⊙黑巧克力甘那許 ganache noire

黑巧克力（可可成分70%）

couverture noire 70% de cacao —— 150g

牛奶巧克力（可可成分38%）

couverture au lait 38% de cacao —— 30g

＊巧克力各別以隔水加熱至40～45℃融化。

鮮奶油 crème fraîche —— 200g

葡萄糖 glucose —— 25g

| 栗子風味蛋糕

1

在缽盆中放入糖漿漬栗子，加入蘭姆酒混拌，包覆保鮮膜置於室溫下靜置1～2天。

2

在缽盆中放入奶油，以攪拌器攪打成軟膏狀，加入糖粉以擦拌方式混拌至顏色發白為止。加入栗子泥，用橡皮刮刀輕輕混拌。

3

加入少量全蛋混拌，幫助乳化地加入1大匙完成過篩混拌的麵粉和泡打粉，用畫圈狀方式混拌。

4

其餘的蛋液分成3～4次加入，每次加入後都適度地加入剩餘的粉類。如此就不會產生分離的狀況。最後的粉類與1一起加入，切開般地進行混拌。

5

為避免產生分離，不要過度混拌，用擠花袋絞擠至矽膠模型內約7分滿。

＊若不使用矽膠模型時，則在模型內刷塗奶油撒上麵粉。

6

使用刮板使麵團中央呈凹陷狀。

＊烘烤時中央會膨脹起來，因此略呈凹陷時，烘烤後的隆起則會呈現平坦狀。

7

為使底部能烘烤成平坦狀態，上蓋矽膠墊、網架，放入180℃的旋風烤箱烘烤約20分鐘。烘烤後立即除去網架和矽膠墊。

8

立即脫模，放置於網架上冷卻備用。

黑巧克力甘那許

1　在缽盆中混拌2種分別融化的巧克力，倒入以鍋子溫熱成人體皮膚溫度的鮮奶油與葡萄糖，用橡皮刮刀混拌至均勻。

2　將1移至較深的容器內，以手持攪拌棒攪打使其乳化。

3　將2放入擠花袋內，剪去前端，滿滿地絞擠至放涼的蛋糕凹槽內。

覆盆子巧克力軟芯蛋糕
MOELLEUX AU CHOCOLAT ET FRAMBOISE

中央口感潤澤。巧克力風味擴散在嘴裡

分量 直徑6cm 16個

⊙巧克力砂布列麵團 pâte sablée au chocolat

＊預備直徑6cm、高5cm的環狀模，配方的數量。

百合花法國粉LYS D'OR ── 120g

杏仁粉 amandes en poudre ── 50g

可可粉 cacao en poudre ── 16g

糖粉 sucre glace ── 80g

鹽 sel ── 1小撮

奶油 beurre ── 100g

全蛋 œuf entier ── 20g

⊙巧克力海綿蛋糕 biscuit chocolat

全蛋 œuf entier ── 140g

蛋黃 jaune d'œuf ── 60g

轉化糖 sucre inverti ── 80g

葡萄糖 glucose ── 40g

黑巧克力（可可成分64%）

couverture noire 64% de cacao ── 135g

＊隔水加熱至40℃使其融化。

鮮奶油 crème fraîche ── 125g

百合花法國粉LYS D'OR ── 40g

帶籽的覆盆子果醬 framboises pépins ── 適量Q.S.

手粉 fleurage ── 適量Q.S.

模型用奶油 beurre pour moules ── 適量Q.S.

＊放至回復常溫，軟膏狀。

⊙色塊 plaquettes en couleurs（→P196）

紅色巧克力用色粉

colorant rouge pour décor de chocolat（→P224）

── 適量Q.S.

白巧克力 couverture blanche ── 適量Q.S.

黑巧克力（可可成分58%）

couverture noire 58% de cacao ── 適量Q.S.

＊各別調溫。

| 巧克力砂布列麵團

1    **2**    **3**    **4**

1	2	3	4
粉類和糖粉、鹽混合過篩，放至大理石工作檯上。冰涼的奶油用擀麵棍敲打使其略為柔軟後，與粉類混拌，用刮板切拌。	奶油變成約7～8mm大小時，用雙手搓成砂粒狀（成為鬆散狀態sablage）。	成為鬆散的砂粒狀後，在粉類中央凹陷處放入全蛋，由中央處少量逐次地擴大圈狀，使其與粉類混合。	為避免產生混拌不均，將材料向外推展，以手掌根部少量逐次地壓推麵團，使其成為均勻的混拌狀態。麵團會變硬，所以不是以搓揉而是以擦拌方式進行。

5 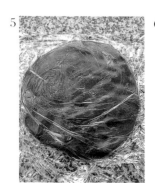	6 	7 	8 
用保鮮膜緊密貼合地包覆，置於冷藏室中靜置1小時。	取出放置在烤盤紙上。撒上少許手粉，粗略擀壓成具口感的3mm厚度。刺出孔洞，放入冷凍室10～15分鐘，使其緊實。	連同烤盤紙一起放置在冰涼的烤盤上，用直徑6cm的環狀模按壓，連同環狀模一起排放在烤盤上。	用160～170℃的旋風箱烘烤約15分鐘。待降溫後，脫去環狀模，冷卻備用。

色塊

		巧克力海綿蛋糕	
1 	2 	1 	2 
以刷子將紅色巧克力色粉刷塗在塑膠片上，待觸摸不會沾黏時，再放上調溫過的白巧克力薄薄地推開延展。	重疊塗抹上黑巧克力（→P196）。待觸摸不會沾黏時，切成3cm的方形，避免反向捲起地疊上2片烤盤，置於室溫下凝固。	在使用的環形模內側刷塗上軟膏狀的奶油，舖放裁切成較環形模高約1cm的烤盤紙，再將冷卻的砂布列麵團放入底部。	在缽盆中放入全蛋、蛋黃、轉化糖、溫熱柔軟的葡萄糖隔水加熱，邊混拌邊加熱至50～60℃（手指放入略感熱燙的溫度）。

3 	4 	5 	6 
將2過濾至攪拌機的缽盆中，以除去雞蛋的繫帶。	用裝有球狀攪拌棒的攪拌機高速攪打3，打發至球狀攪拌器會留下痕跡，呈現沈重感的打發狀態，且麵糊仍溫熱。	將黑巧克力放入較大的缽盆中，加入煮沸的鮮奶油，緩慢地混拌，製作甘那許。	在5當中，加入1/4分量仍溫熱的4，以攪拌器畫圈狀混拌。粗略混拌後，改以橡皮刮刀混拌。 ＊使其先與部分麵糊融合。

7

加入其餘的4。

8

過篩加入麵粉。

9

邊轉動缽盆，邊避免破壞氣泡地以切拌方式混拌。均勻即可。

10

用小湯匙在每個1的中央放入帶籽覆盆子果醬，用未放擠花嘴的擠花袋將9的麵糊絞擠進模型，約3/4的高度（因會膨脹，所以不要擠到滿）。

11

用180℃的蒸氣旋風烤箱（沒有蒸氣時可以用隔水蒸烤或關閉換氣口）；烘烤15～20分鐘。烘烤完成後，立刻脫模除去烤盤紙。

12

烘烤的程度，是表面有裂紋，周圍的烤盤紙略為收縮的程度。確實冷卻，取代黏著劑地絞擠上少許帶籽覆盆子果醬在中央。

13

擺放上製作好的色塊，黏於其上。

杏仁和酸櫻桃的巧克力蛋糕
CAKE AU CHOCLOAT AMANDES ET GRIOTTES

巧克力與酸櫻桃的酸味，共譜出協奏曲

分量　單側7.5cm的寶石形24～30個

⊙糖漬酸櫻桃 griottes confites ── 取其中的200g

細砂糖 sucre semoule ── 30g

果膠 pectine ── 2g

酸櫻桃（整顆／冷凍）griottes congelées ── 200g

蔓越莓與酸櫻桃果泥

purée de cranberry griotte ── 50g

＊蔓越莓和酸櫻桃果泥，法國Boiron保虹公司產。

⊙奶酥碎粒 streusel

奶油 beurre ── 100g

糖粉 sucre glace ── 100g

百合花法國粉 LYS D'OR ── 100g

杏仁粉 amandes en poudre ── 100g

鹽之花 fleur de sel ── 1g

⊙糖漬酸櫻桃巧克力海綿蛋糕

biscuit au chocolat et aux griottes confites

＊預備單側7.5cm、高4cm矽膠製寶石形模型。

巧克力海綿蛋糕 biscuit chocolat ── 取其中的1100g

　生杏仁膏 pâte d'amandes crue ── 400g

　全蛋 œuf entier ── 400g

　細砂糖 sucre semoule ── 160g

　黑巧克力（可可成分58％）

　couverture noire 58% de cacao ── 100g

　奶油 beurre ── 100g

　百合花法國粉 LYS D'OR ── 115g

　可可粉 cacao en poudre ── 20g

　泡打粉 levure chimique ── 3g

糖漬酸櫻桃 griottes confites 取左側配方的 ── 200g

⊙酸櫻桃的鏡面淋醬 glaçage aux griottes

杏桃的鏡面果膠 nappage d'abricot ── 600g

蔓越莓與酸櫻桃果泥

purée de cranberry griotte ── 280g

焦糖杏仁碎 amandes hachées caramélisées（→P65）

── 適量 Q.S.

＊製作備用。

| 糖漬酸櫻桃

1

細砂糖混合果膠備用。

2

整顆的酸櫻桃和蔓越莓與酸櫻桃果泥，放入樹脂加工的不沾平底鍋內加熱。混拌至果泥變乾時加入1。

3

用中火邊混拌邊加熱，待產生光澤，酸櫻桃也變小，鍋底的熬煮果泥變得沾黏時，熄火。

4

將3取出至方型淺盤上冷卻備用。使用其中的200g。

奶酥碎粒		糖漬酸櫻桃巧克力海綿蛋糕	

1

參照P114的奶酥碎粒步驟
1，用糖粉替代紅糖，同
樣地製作。以5mm方形的
粗網篩過濾。

2

過濾後放入冷凍室使其
緊實。
＊奶油的配比較多，一旦融
化會沾黏使作業難以進行，
所以放入冷凍室。

1

生杏仁膏放入缽盆中，加
入少量全蛋，以手揉和
混拌。

2

待變得柔軟後，使用攪拌
器，邊少量逐次地加入其
餘的全蛋，邊畫圈狀混拌。
＊使用生杏仁膏可以呈現出
潤澤的口感。

3

加入細砂糖。

4

為使砂糖溶解而隔水加
熱，邊混拌邊加熱至50～
60℃。巧克力和奶油為了
能在步驟7趁熱加入，先
各別融化備用。

5

停止隔水加熱，將4放入
攪拌機的缽盆中，用裝有
球狀的攪拌棒高速攪拌至
呈緞帶狀為止。

6

在打發5的期間，取200g
的糖漬酸櫻桃，留有口感
地切成粗粒。

7

在剛融化的巧克力中加入
剛融化的奶油混拌。
＊若溫度不高在混拌麵糊
時，巧克力會凝固。

8

在7當中加入少量的5，
以攪拌器畫圈狀地充分攪
拌使其融合。

9

混合過篩的麵粉、可可
粉、泡打粉，分成2次加
入步驟5，邊轉動缽盆邊
切開般地進行混拌。

10

當9產生大理石紋時，加
入8，同樣如切開般地進
行混拌，將1100g移至大
缽盆中。

11	12	13	14

將6切碎的糖漬酸櫻桃加入10，如切開般地進行混拌。	將11用未裝擠花嘴的擠花袋，擠至矽膠模型內約9分滿，再放滿冷卻的奶酥碎粒。	蓋上矽膠墊和網架，放入180℃的旋風烤箱內烘烤15分鐘。 ＊因為麵糊會膨脹，所以擺放矽膠墊、網架，使底部能烘烤成平坦狀態。	烘烤後連同模型一起放涼，脫模。邊緣略加整理。 ＊若立刻脫模，蛋糕會沾黏在模型上。因有奶酥碎粒會形成酥脆的口感。

酸櫻桃的鏡面淋醬

1	2	3	4

將杏桃的鏡面果膠和蔓越莓與酸櫻桃果泥一起放入鍋中，以中小火加熱，避免煮出氣泡，邊混拌邊使鏡面果膠的顆粒融化。	將1移至較深的容器，用手持攪拌棒粗略地攪打，使其滑順。趁熱放入充填機（Depositor）內。 ＊淋醬不熱時澆淋層會變厚。	將成品排放在疊架於方型淺盤的網架上，將2趁熱澆淋覆蓋在成品上。因下方是巧克力色，所以鏡面淋醬的顏色會呈現深紅色。	用手將焦糖杏仁碎沾裹裝飾在3的底部邊緣。 ＊杏仁碎使用烘焙過的風味會更濃郁。

榛果布朗尼
BROWNIE AU CHOCOLAT ET NOISETTES

烘烤過的榛果香氣十足

分量　直徑6cm、高2cm16個　＊預備直徑6cm、高2cm的環狀模，配方的數量。

細砂糖 sucre semoule —— 70g

奶油 beurre —— 200g

＊放至回復室溫。

黑巧克力（可可成分70%）

couverture noire 70% de cacao —— 50g

＊隔水加熱至40℃較低溫使其融化。使用時調整成人體皮膚的溫度。

全蛋 œuf entier —— 90g

蛋黃 jaune d'œuf —— 20g

鹽之花 fleur de sel —— 1g

百合花法國粉 LYS D'OR —— 110g

可可粉 cacao en poudre —— 10g

榛果（烘焙過的）noisettes grillées —— 200g

＊180℃烘烤10分鐘的成品。對切。

糖粉 sucre glace —— 適量 Q.S.

1
在缽盆中放入細砂糖、奶油，加入冷卻至人體皮膚溫度的黑巧克力。
＊溫度過低時會結成塊，所以人體皮膚的溫度是最適當的。

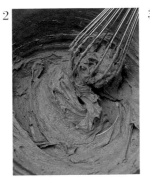

2
用攪拌器以畫圈狀攪拌至粗粗的砂糖粒狀感消失，顏色變淺為止。

3
混合全蛋和蛋黃，分3～4次加入步驟2以畫圈狀混拌。混拌後，加入鹽之花，同樣地進行混拌。

4
麵粉和可可粉各別過篩至另外的缽盆中，加入對半切開的榛果混拌。

5
將4加入3，以橡皮刮刀從底部翻起般充分混拌，至粉類消失即可。模型內放入裁切得比模型略高的烤盤紙。

6
將5放入沒有擠花嘴的擠花袋內，絞擠至略低於環形模的高度。為避免形成空洞，邊向下按壓邊擠入麵糊。

7
將6放入180～200℃的旋風烤箱內，約烘烤10分鐘。降溫後脫除模型和烤盤紙，置於網架上放涼備用。

8
在中央處放置1.5cm寬的長尺，在兩側篩撒上糖粉裝飾。

榛果巧克力泡芙
CHOUX CHOCOLAT ET NOISETTES

風味醇濃的泡芙

分量　直徑5cm　30個
⊙脆酥餅乾 craquelin
＊預備比絞擠出的泡芙更小一輪的小型切模。
奶油 beurre ── 150g
紅糖 cassonade ── 185g
百合花法國粉 LYS D'OR ── 180g
可可粉 cacao en poudre ── 20g

⊙巧克力泡芙麵糊 pâte à choux au chocolat
百合花法國粉 LYS D'OR ── 230g
可可粉 cacao en poudre ── 20g
牛奶 lait ── 200g
水 eau ── 200g
奶油 beurre ── 180g
細砂糖 sucre semoule ── 7g
鹽 sel ── 5g
全蛋 œuf entier ── 380g
刷塗蛋液（全蛋）dorure（œuf entier）── 適量 Q.S.

⊙巧克力卡士達奶油餡 crème pâtissière au chocolat
牛奶 liat ── 500g
蛋黃 jaune d'œuf ── 5個
百合花法國粉 LYS D'OR ── 20g
太白粉 fécule ── 25g
＊加玉米粉會過硬，僅用百合花法國粉又過於柔軟，所以添加太白粉。

細砂糖 sucre semoule ── 125g
黑巧克力（可可成分70%）
couverture noire 70% de cacao ── 130g
＊細細地切碎。
奶油 beurre ── 30g
＊切成小塊。
鮮奶油 crème fraîche ── 100g

⊙榛果脆餅 croquant noisette
＊預備直徑3.5cm的切模。
榛果帕林內 praliné aux noisettes（→P20）── 160g
榛果醬（無糖）pâte de noisettes sans sucre ── 20g
＊烘烤型。
牛奶巧克力（可可成分38%）
couverture au lait 38% de cacao ── 60g
＊隔水加熱至40～45℃融化。
脆片 feuilletine（→P90）── 30g
焦糖榛果碎 noisettes hachées caramélisées ── 20g
＊參照P65的焦糖杏仁碎，以榛果碎取代杏仁碎來製作。

⊙黑巧克力鏡面
glaçage chocolat noir（→P169）── P169的全量
＊參照P171，在底部直徑5cm矽膠模型中絞擠出2mm左右的厚度，配方的數量，置於冷凍室凝固備用。

金箔 feuille d'or ── 適量 Q.S.

| 脆酥餅乾 | | | 巧克力泡芙麵糊 |

1
用擀麵棍敲打冰冷的奶油至薄片狀、紅糖、麵粉、可可粉一起放入食物切碎機內，打成砂粒狀。

2
將1取出放置在大理石工作檯上，充分按壓使其成團。因沒有水分，所以感覺乾裂也沒關係，擺放在矽膠墊上。

3
用手按壓後，在兩側擺放3mm厚的鐵棒，以擀麵棍擀壓。取走鐵棒覆蓋上烤盤紙擀壓，直接放入冷藏室靜置1小時～一夜。

1
麵粉和可可粉過篩混合備用。

2

將牛奶、水、切小塊的奶油、細砂糖和鹽放入鍋中，加熱。至奶油融化，沸騰後熄火。

3

將1的粉類全部加入2，用刮刀由底部刮起般劇烈混拌。

4

當粉類消失後，再次加熱，同樣地混拌。整合成團，當鍋底開始形成薄膜時，熄火移至攪拌機缽盆中。

5

用裝有槳狀攪拌棒的攪拌機以中速攪拌、冷卻，當不再有熱氣時，加入略少於半量的全蛋液攪拌。其餘則視硬度的狀態，謹慎地加入。

6

過程中停止攪拌進行測試。以手指劃開麵糊後，痕跡會緩緩閉合即可。
＊雞蛋加入過多時無法修正，混拌時則使用刮刀。

7

用口徑1cm左右的擠花嘴將6在矽膠墊上擠出5cm的圓形，用刷子刷塗蛋液。

巧克力卡士達奶油餡

8

用比7略小的切模按壓脆酥餅乾，擺放在7上方。因旋風烤箱的對流風容易使形狀損壞，所以完成後先冷凍。

9

立即覆蓋上保鮮膜會壓垮形狀，所以直接放入冷凍，待表面凝固後再覆蓋保鮮膜冷凍。一旦冷凍後，就能烘烤出不會凹凸不平的成品。

10

用250～300℃的旋風烤箱預熱15分鐘備用，剛從冷凍庫取出的9以160～170℃烘烤15分鐘。會呈現如菠蘿麵包般的表面，冷卻。

1

在鍋中煮沸牛奶。將蛋黃、粉類、細砂糖在缽盆中混合，用攪拌器以磨擦般地混拌。煮沸的牛奶倒入缽盆中混拌，再倒回牛奶鍋以中火加熱。

2

彷彿刮起底部般，邊混拌邊加熱，待開始沸騰時，避免燒焦迅速混拌同時確認粉類完全消失，確實加熱使其糊化。

3

離火，加入切碎黑巧克力和奶油，混拌至融化。

4

完全融化後，邊視其硬度邊加入鮮奶油充分混拌。
＊鮮奶油是以凝固時的硬度為目標，酌量增減。

5

最後改用橡皮刮刀，由底部翻起般，進行混拌消除斑駁不勻。

6

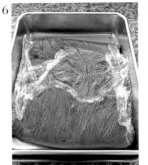

保鮮膜攤放在方型淺盤上，放入5包覆，使保鮮膜緊貼表面，墊放在裝有冰水的方型淺盤上急速冷卻。

1

在缽盆中混合榛果帕林內和榛果醬，以橡皮刮刀混拌。

2

邊混拌融化的牛奶巧克力，邊使其冷卻至感覺不到溫度，加入1混拌。

3

在2中加入脆片、焦糖榛果碎，邊轉動缽盆邊用橡皮刮刀由底部翻起般地進行混拌。

4

將3放置於矽膠墊上，以刮板推擀成3mm的厚度。疊放上烤盤紙、矽膠墊，置於冷凍室緊實材料，有助於切模壓切。

1

用刀子在泡芙底部劃切出較小圈的圓形。不要完全切下使其相連。

2

取出榛果脆餅，除去矽膠墊和烤盤紙，以直徑3.5cm的切模壓切。

3

擠入少量巧克力卡士達奶油餡至1內，再放入2，接著擠滿巧克力卡士達奶油餡，並覆蓋上底蓋，翻回正面。

4

將黑巧克力鏡面脫模，擺放至表面，飾以金箔。解凍後就會沿著泡芙形狀貼合。

萊姆巧克力塔
TARTELETTE AU CHOCOLAT ET CITRON VERT

恰到好處的酸味和巧克力的微苦組合

分量　口徑6cm的塔餅模20個　＊預備口徑6cm、底徑5cm、高2cm以上的矽膠模型

⊙巧克力砂布列麵團 pâte sablée au chocolat
＊參照P141的1～5，用以下的配比製作麵團。

百合花法國粉 LYS D'OR —— 170g

杏仁粉 amandes en poudre —— 25g

可可粉 cacao en poudre —— 15g

糖粉 sucre glace —— 70g

鹽 sel —— 1小撮

奶油 beurre —— 90g

全蛋 œuf entier —— 35g

手粉 fleurage —— 適量 Q.S.

模型用奶油 beurre pour moules —— 適量 Q.S.
＊放至回復常溫，軟膏狀。

刷塗蛋液（全蛋）dorure（œuf entier）—— 適量 Q.S.

⊙杏仁海綿蛋糕 biscuit Joconde
＊參照P175伯爵茶杏仁海綿蛋糕，以榛果粉取代杏仁粉，不
　添加伯爵茶放入30×50cm的烤盤烘烤，放涼備用。用直徑
　4～4.5cm的切模，按壓出配方的數量備用。

杏仁粉 amandes en poudre —— 100g

糖粉 sucre glace —— 80g

百合花法國粉 LYS D'OR —— 30g

全蛋 œuf entier —— 3個

蛋白 blanc d'œuf —— 130g

細砂糖 sucre semoule —— 50g

融化奶油 beurre fondu —— 20g

⊙萊姆吉布斯特奶油餡 crème Chiboust citron vert
義式蛋白霜 meringue italienne
　　細砂糖 sucre semoule —— 120g
　　水 eau —— 30g
　　萊姆皮 zeste de citron vert —— 1個
　　＊細細地切碎。
　　蛋白 blanc d'œuf —— 110g
卡士達奶油醬 crème pâtissière
　　蛋黃 jaune d'œuf —— 3個
　　細砂糖 sucre semoule —— 30g
　　玉米粉 maïzena —— 15g
　　萊姆汁 jus de citron vert —— 130g
　　板狀明膠 gélatine —— 5g

⊙萊姆奶油餡 crèmeux citron vert
萊姆汁 jus de citron vert —— 300g

磨下的萊姆皮 zestes de citron vert râpé —— 2個

蛋黃 jaune d'œuf —— 60g

細砂糖 sucre semoule —— 60g

牛奶巧克力（可可成分40.5%）
couverture au lait 40.5% de cacao —— 250g
＊隔水加熱至45℃融化。

轉化糖 sucre inverti —— 20g

奶油 beurre —— 40g
＊置於室溫使其柔軟。

⊙完成用 pour décor
紅糖 cassonade —— 適量 Q.S.

| 巧克力砂布列麵團

1 靜置後的麵團表面撒上手粉，在兩側例放置3mm的鐵棒後擀壓，除去鐵棒後再次擀壓。放在撒有手粉的烤盤上，稍加冷藏使甚緊實。

2 在直徑6cm、高2cm的環形模內側，刷塗軟膏狀的奶油備用。以直徑10cm的切模壓切出麵團。

3 將2的麵團舖放至模型當中，以手指按壓使底部角落完全貼合。

4 將3放入冷藏室使其緊實後，用小刀切除露出模型四周多餘的麵團。
＊冷藏緊實後，脫模或切除都會比較容易。

5

刺出孔洞放入冷藏室靜置一夜。

＊冷藏一夜之後會減少烘焙時的收縮。

6

將5放入170℃的旋風烤箱烘烤15分鐘，刷塗蛋液填平孔洞，再烘烤1分鐘。脫模，冷卻。

＊刷塗蛋液是為了防止潮濕軟化。

萊姆吉布斯特奶油餡

1

製作義式蛋白霜。將細砂糖、水、切碎的萊姆皮一起放入鍋中，熬煮至120℃。

2

與1同時進行，以低速打發蛋白，打發至呈現沈重感時，加入1的半量略多，攪打至氣泡變得細密時，加入其餘1以中速攪打。

3

製作卡士達奶油醬。在缽盆中攪散蛋黃，加入細砂糖以攪拌器充分混拌，混拌完成後加入玉米粉，同樣地混拌。

4

萊姆汁連同泡水擠乾還原的板狀明膠一起放入鍋中煮至沸騰，加入3混拌後，放回鍋中。加熱，邊混拌邊加熱。

＊明膠具有保持形狀的作用。

5

沸騰後，再邊混拌邊持續加熱1分鐘，過濾。

＊同時進行卡士達奶油餡和義式蛋白霜的製作，使用剛完成的成品。

6

趁熱在卡士達奶油醬中加入1杓熱的義式蛋白霜，以橡皮刮刀充分混拌。

萊姆奶油餡

7

加入其餘的蛋白霜，邊轉動缽盆邊切開般地輕柔混拌，最後由底部翻起般混拌使其均勻。

8

將7的吉布斯特奶油餡絞擠2cm至模型內。以直徑4～4.5cm切模壓切出的杏仁海綿蛋糕，按壓入模型內，置於冷藏室使其凝固。

1

用萊姆果汁製作英式蛋奶醬（crème anglaise）。在鍋中放入萊姆汁和萊姆皮煮至沸騰，倒入磨擦般混拌的蛋黃和細砂糖的缽盆中，混拌。

2

將1移至寬口鍋中加熱，用刮刀由底部刮起般混拌並加熱，加熱至即將沸騰前，約83℃。

3

附著在刮刀上的奶油餡以手指劃過，會留下痕跡的狀態。過濾至缽盆中（若想要留有口感，也可以不過濾），墊放冰水邊混拌邊使其降溫至50℃左右。

4

在以45℃融化的牛奶巧克力中加入轉化糖混拌。

5

邊將3加入4，邊以橡皮刮刀混拌。加入放至回復柔軟的奶油混拌。

6

將5移至較深的容器內，以手持攪拌棒攪打使其乳化。

7

用填充器將6滿滿地擠至冷卻的砂布列上，放入冷藏室使其冷卻凝固。

| 完成

1

從矽膠模中取下萊姆吉布斯特奶油餡，海綿蛋糕朝下地擺放按壓在砂布列上。

2

滿滿地大量撒上紅糖。
＊用茶葉濾網篩撒就能均勻。

3

用燒紅的烙鐵按壓使其焦糖化。再次撒上紅糖，烙鐵輕觸即完成。
＊作業過程中烙鐵要持續加熱。

覆盆子巧克力慕斯
CHOCOLAT ET FRAMBOISE

滑順的巧克力慕斯中露出了覆盆子

分量　6cm長16個　＊預備寬5cm×高5cm、長50cm的樋型模2個和膠片。

⊙薩赫海綿蛋糕biscuit sacher

生杏仁膏pâte d'amandes crue —— 90g

蛋黃jaune d'œuf —— 6個

細砂糖sucre semoule —— 65g

融化奶油beurre fondu —— 65g

蛋白blanc d'œuf —— 6個

細砂糖sucre semoule —— 115g

百合花法國粉LYS D'OR —— 65g

可可粉cacao en poudre —— 45g

⊙覆盆子果凍gelée de framboise
＊預備慕斯圍邊膠片。

細砂糖sucre semoule —— 40g

板狀明膠gélatine —— 9g

覆盆子果泥purée de framboise —— 345g

覆盆子利口酒crème de Framboise —— 15g

⊙孟加里巧克力慕斯mousse chocolat manjari

牛奶lait —— 315g

細砂糖sucre semoule —— 90g

板狀明膠gélatine —— 8g

黑巧克力（可可成分64%）

couverture noire 64% de cacao —— 450g

＊隔水加熱至40℃使其融化。使用孟加里（VALRHONA公司）。

鮮奶油crème fraîche —— 810g

⊙黑巧克力鏡面glaçage chocolat noir

黑巧克力（可可成分64%）

couverture noire 64% de cacao —— 170g

占度亞巧克力堅果醬gianduja —— 430g

波美度30°的糖漿sirop à 30°B —— 90g

葡萄糖glucose —— 70g

鮮奶油crème fraîche —— 400g

紅色色粉colorant rouge —— 3g

沙拉油huile végétale —— 55g

⊙裝飾用pour décor
巧克力砂布列麵團

pâte sablée au chocolat（→P155）—— P155的全量
＊參考P141的1～6，以P155的配比製作。
擀壓成2mm的厚度，分切成6×6cm配方的數量。

焦糖榛果碎

noisettes hachées caramélisées —— 適量Q.S.
＊參照P65的焦糖杏仁碎，以榛果碎取代杏仁來製作。

覆盆子framboises —— 16顆

巧克力裝飾（棒狀）

décor de chocolat（stick plat→P198）—— 16根

| 薩赫海綿蛋糕

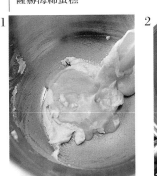

1 生杏仁膏中少量逐次添加蛋黃，壓碎結塊地用手抓取般進行混拌，待滑順後改以橡皮刮刀混拌。

2 在1中加入65g的細砂糖，以攪拌器畫圈狀混拌。混拌完成後隔水加熱（離火的狀態），邊保持50℃以下邊混拌使砂糖融化。

3 攪拌至顏色發白時，停止隔水加熱，分兩次加入熱的融化奶油，混拌。

4 蛋白隔水加熱使其回復室溫，以中速攪拌打發。攪拌至會留下痕跡時，加入115g的細砂糖，確實打發。
＊用中速攪打時，打發的氣泡比較細緻、紮實。

5

舀起一勺4的蛋白霜加入
3，充分混拌。完成混拌
後，加入其餘蛋白霜，大
動作混拌。即使略有不均
也無妨。

6

將混合過篩的麵粉和可可
粉加入5，邊轉動缽盆邊
如切開般地輕輕混拌。

7

完成保留氣泡的麵糊。
＊加入生杏仁膏製作，麵糊
會有潤澤的口感。完成時無
需澆淋糖漿。

8

將7倒入烤盤或方框模
中，推展成1.5～2cm的
厚度（照片中使用的是
33×24cm的方框模）。

| 覆盆子果凍

9

用190℃的旋風烤箱烘烤
約20分鐘。待顏色變得
深濃、按壓時具有彈性
即可。

1

膠片捲成直徑約2cm的管
狀，用膠帶固定。單側以
保鮮膜包覆製成底部，插
入裝滿砂糖的容器內。製
作100cm的分量。

2

將細砂糖、還原的板狀明
膠放入缽盆中，加入少量
的覆盆子果泥，隔水加熱
並以攪拌器混拌，融化板
狀明膠和砂糖。

| 黑巧克力鏡面

3

待砂糖和板狀明膠融化
後，停止隔水加熱，邊
加入其餘的果泥邊充分
混拌。

4

加入覆盆子利口酒混拌。

5

趁尚未凝固時，用填充器
將4注入1的塑膠管內。
板狀明膠的分量經過計
算，所以放入急速冷凍後
會確實地凝固。

1

黑巧克力隔水加熱至40℃
融化，加入切碎的占度亞
巧克力堅果醬，使其融化。
＊占度亞巧克力堅果醬會立
即融化，所以才以固態狀
添加。

2

在鍋中放入波美度30°的
糖漿、溫熱的葡萄糖、鮮
奶油混合，邊視顏色邊添
加紅色色粉，避免煮至沸
騰，邊混拌邊加熱，至葡
萄糖融化。

3

將2分3～4次加入1當中混拌，也可邊觀察顏色邊補足紅色色粉（分量外）。
＊藉由添加紅色色粉，可以製作成深色的巧克力。

4

最後為使光澤及延展性更好，加入沙拉油混拌。移至缽盆，用保鮮膜緊密貼合覆蓋。不立即使用時，則放入冷藏室保存。

1

在鍋中放入牛奶、細砂糖、泡水擠乾還原的板狀明膠，加熱，邊混拌邊加熱至砂糖和板狀明膠融化。

2

在融化的黑巧克力中加入1的半量，用攪拌器充分混拌。大致均勻時，加入其餘分量同樣混拌。最後，由底部翻起般混拌。

3

鮮奶油放入較大的缽盆中，打發至產生濃稠流動落下的程度，將半量加入步驟2，由底部翻起般地充分混拌。
＊使鮮奶油融合。

4

將3倒回鮮奶油的缽盆中，邊轉動缽盆邊以攪拌器切開般地輕輕混拌。

5

最後用橡皮刮刀由底部翻起般混拌。攪拌後的痕跡呈現堆疊狀態時，就是能支撐果凍的硬度。
＊高密度的慕斯。

1

從模型中取下薩赫海綿蛋糕，切成寬4cm的4長條。將烘烤面朝上放置，依尺規分切成1.5cm的厚度。切落邊緣整合形狀。

2

預備好的2個樋型模型內側，舖放配合模型裁切好的膠片，將巧克力慕斯絞擠至模型中，約1/3的高度。

3

用小型抹刀將兩側少許逐漸朝上按壓鋪勻（在模型內舖放chemiser）。

4

將拆除塑膠管的管狀覆盆子果凍按壓至模型中央，果凍可以依長度接續排放。

5

再次將慕斯滿滿地絞擠至模型中。

161

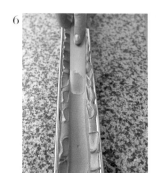

6

與3相同，在模型內舖放（chemiser），使中央形成凹槽。

7

將1片切下的薩赫海綿蛋糕擺放按壓在6的中央，滿溢出的慕斯則用抹刀刮除，放入冷凍室使其冷卻凝固。

8

黑巧克力鏡面調整成40～45℃，移至較深的容器內，以手持式攪拌棒攪打出光澤。用噴槍溫熱7的模型，用刀子插入邊緣除去模型和膠片。

9

將脫模後的8排放在架於方型淺盤的網架上。以黑巧克力鏡面往返一次地澆淋，連同網架一起晃動以甩落多餘的黑巧克力鏡面，置於室溫下。

10

待9成為可以分切的硬度後，用噴槍溫熱過的刀子切落邊緣，分切成6cm的長度，各別擺放在切成6×6cm的巧克力砂布列上。

11

用抹刀將10盛起，用手在兩側沾黏上焦糖榛果碎。

12

擺放覆盆子和棒狀的巧克力裝飾。

杏桃和白巧克力的多層糕點
ENTREMETS ARBICOT ET CHOCOLAT BLANC

白巧克力的柔和甜味與杏桃，是最適合的搭配

分量　直徑18cm 2個　　＊預備直徑18cm×高4.5cm的環形模2個。

⊙添加杏桃的榛果達克瓦茲 dacquoise noisette abricot
＊預備直徑18cm的塔餅環形模2個。

百合花法國粉 LYS D'OR ── 60g

糖粉 sucre glace ── 130g

榛果粉 noisette en poudre ── 150g

杏桃乾 abricots secs hachés ── 80g
＊切碎。

蛋白 blanc d'œuf ── 250g

細砂糖 sucre semoule ── 110g

榛果醬（無糖）pâte de noisettes sans sucre ── 20g
＊烘烤型。

完成時用糖粉 sucre glace pour finition ── 適量 Q.S.

榛果脆餅 croustillant noisettes（P110）── P110的全量

⊙杏桃奶油餡 crémeux abricot
＊預備直徑16cm的環形模2個。

細砂糖 sucre semoule ── 15g

太白粉 fécule ── 15g

杏桃果泥 purée d'abricot ── 320g

板狀明膠 gélatine ── 3g

冷凍杏桃（切碎）abricot congelés hachés ── 150g
＊以冷凍狀態使用。

⊙白巧克力慕斯 mousse chocolat blanc

鮮奶油 crème fraîche ── 100g

板狀明膠 gélatine ── 12g

香草莢 gousse de vanille ── 1根

白巧克力 converture blanche ── 120g
＊切成細碎。

炸彈麵糊 pâte à bombe
┤蛋黃 jaune d'œuf ── 120g
│波美度30°的糖漿 sirop à 30°B ── 140g

鮮奶油 crème fraîche ── 480g

⊙色塊 plaquettes en couleurs（→P196）

黃色巧克力用色粉 colorant jaune pour décor de chocolat（→P224）── 適量 Q.S.

紅色巧克力用色粉 colorant rouge pour décor de chocolat（→P224）── 適量 Q.S.

白巧克力 couverture blanche ── 適量 Q.S.

牛奶巧克力（可可成分38%）
couverture au lait 38% de cacao ── 適量 Q.S.
＊巧克力各別調溫。

⊙裝飾用 pour décor
白巧克力噴霧
pistolet de chocolat blanc（→P222）── 適量 Q.S.

冷凍杏桃（對切）abricot congelés ── 2顆

杏桃鏡面果膠 nappage abricot ── 適量 Q.S.

巧克力裝飾（圈捲狀A）
décor de chocolat（bigoudi A → P200）── 適量 Q.S.
＊用牛奶巧克力製作。

| 添加杏桃的榛果達克瓦茲

1　將麵粉、130g糖粉、榛果粉混合過篩至缽盆中，加入切碎的杏桃，充分混拌備用。

2　將蛋白放入攪拌機缽盆中，隔水加熱以回復室溫，並以高速攪拌打發。當攪拌器清楚留下痕跡時，加入細砂糖，確實打發。

3　在較大的缽盆中放入榛果醬，舀起一勺2的蛋白霜加入，並充分混拌。
＊混合蛋白硬度的步驟。

4　加入其餘的2，邊轉動缽盆邊如切開般地混拌。
＊藉由加入榛果醬使成品能夠有潤澤口感（若使用帕林內則會過甜）。

5

混拌成大理石紋狀，將1的粉類分成3～4次加入，同樣地以切開般地進行混拌。

6

仍留有氣泡狀態下完成混拌，避免混拌過度。

7

將6倒入直徑18cm、高2cm的塔餅環形模中，以抹刀推平。

8

最後均勻地在表面篩撒上糖粉。

9

以180℃蒸氣旋風烤箱（若無則加熱水隔水蒸烤），烘烤25～30分鐘。完成後，連同模型覆蓋烤盤紙，保持潤澤。冷卻備用。

| 榛果脆餅

1

參考P111的1～3製作的麵團分切為2，用矽膠墊和烤盤紙包夾，以擀麵棍擀壓成2～3mm厚（榛果碎的厚度）的圓形。

2

除去烤盤紙，以直徑16cm的環形模按壓，以刮板切去多餘的麵團。因為麵團容易碎裂，所以不拆除環形模直接烘烤。剩下的麵團也一起烘烤。

3

用150℃烘烤15～20分鐘，烘烤至水分蒸發、呈現金黃色為止。趁熱脫模，置於網架上冷卻。
＊過程中改變方向時，也不能拆掉環形模地輕輕移動。

| 杏桃奶油餡

1

在小缽盆中混合細砂糖和太白粉，加入放在鍋中的杏桃果泥混拌。加熱，並以攪拌器邊混拌邊煮至沸騰。

2

待加熱至噗吱噗吱沸騰時，加入泡水擠乾還原的板狀明膠，改以橡皮刮刀混拌至完全融化。
＊板狀明膠是為使奶油餡不致坍流而添加少量。

3

加入切碎的冷凍杏桃，邊混拌邊加熱。再煮至沸騰熄火，移至缽盆。

4

將3墊放冰水，邊混拌邊冷卻。

| 白巧克力慕斯、組合 |

5

在直徑16cm的環形模底部貼上保鮮膜，分別倒入4，置於冷凍室冷卻凝固。凝固後在組合前才脫模，置於冷凍室備用。

1

將達克瓦茲脫模，以直徑16cm的環形模裁切，取下其餘部分。

2

將1沒有篩撒糖粉的面朝下，在兩側放置1.5cm厚的木棒，切片。使用篩撒糖粉的那一面。

3

製作白巧克力慕斯。鮮奶油加入泡水擠乾還原的明膠、切開香草莢連同香草籽加入，煮至沸騰，待明膠融化，熄火加蓋，靜置15分鐘。

4

待香草的香氣移轉至3，再次加熱，加熱至70～80℃時，離火，放入切碎的白巧克力。

5

用攪拌器從中央開始畫圈狀混拌。同時進行彈炸麵糊的製作（P172的3～5）。

6

待巧克力和鮮奶油乳化後，過濾至缽盆中除去香草莢。用橡皮刮刀邊混拌邊冷卻至40～45℃。

7

在較大的缽盆中放入鮮奶油，打發至表面痕跡淡淡地殘留時，加入半量的6，充分混拌。

8

混拌後，由底部翻起般混拌至結塊消失。

9

將8倒回裝有其餘鮮奶油的缽盆中，用攪拌器由底部翻起般混拌。

10

將5的炸彈麵糊加入9當中，邊轉動缽盆邊如切開般地進行混拌。最後由底部翻起般混拌至結塊消失。

11

直徑16cm的環形模置於厚紙等上方，內側圍上一圈膠片。用口徑約10mm的擠花嘴將10絞擠在周圍邊緣約2cm寬，用抹刀將慕斯朝邊緣上方推抹。

12

達克瓦茲麵團切面朝上，放入11按壓使其貼合。

13

在中央絞擠上黏著用的慕斯，將榛果脆餅壓入其中。

14

再次於中央絞擠上黏著用的慕斯，擺放冷卻凝固的杏桃奶油餡，壓入貼合。

15

用殘餘的慕斯絞擠成旋渦狀，以抹刀推開後均平整表面。這個階段表面的氣泡可以不用理會。置於冷凍室15分鐘。

色塊、完成

16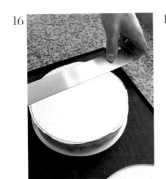

再次用抹刀塗抹慕斯平整表面。使表面乾淨漂亮。放入冷凍室冷卻凝固。

1

以刷子依序將黃色、紅色的巧克力用色粉刷塗在塑膠片上。待觸摸不會沾黏時，再放上調溫過的白巧克力，薄薄地推開延展。

2

重疊塗抹牛奶巧克力（→P196），待觸摸不會沾黏時，斜切成2.5×7cm的形狀，上方疊放烤盤紙、2片烤盤，置於室溫下凝固。

3

取出慕斯，用噴槍溫熱模型，脫模並除去膠片，用白巧克力將表面噴霧。用剩餘的慕斯將色塊貼在側面。

4

剩餘的榛果脆餅按壓成直徑3cm和4cm的大小，杏桃塗抹上加熱過的杏桃鏡面果膠、巧克力圈捲，一起裝飾在表面。

焦糖和巧克力的多層蛋糕
ENTREMENTS CARAMEL ET CHOCOLAT

焦糖、脆餅，帶來美好的口感韻味

分量　直徑18cm 2個　＊預備直徑16cm和18cm×高4.5cm的環形模各2個。

⊙巧克力熱內亞海綿蛋糕 buscuit à pain de Gênes chocolat

生杏仁膏 pâte d'amandes crue —— 260g

全蛋 œuf entier —— 260g

細砂糖 sucre semoule —— 100g

可可粉 cacao en poudre —— 10g

百合花法國粉 LYS D'OR —— 75g

泡打粉 levure chimique —— 2g

黑巧克力（可可成分70%）

couverture noire 70% de cacao —— 50g

＊隔水加熱至40〜45℃融化。

融化奶油 beurre fondu —— 65g

⊙香酥脆餅 croustillant

巧克力砂布列麵團 pâte sablée au chocolat（→P141）

—— 100g（P141的1/3〜1/2分量）

焦糖杏仁碎 amandes hachées caramélisées（→P65）—— 40g

脆片 feuilletine（→P90）—— 20g

牛奶巧克力（可可成分38%）

couverture au lait 38% de cacao —— 50g

可可脂 beurre de cacao —— 10g

⊙焦糖 caramel

細砂糖 sucre semoule —— 280g

蜂蜜 miel —— 20g

鮮奶油 crème fraîche —— 460g

牛奶 lait —— 65g

板狀明膠 gélatine —— 8g

鹽之花 fleur de sel —— 1小撮

⊙黑巧克力慕斯 mousse au chocolat noir

炸彈麵糊 pâte à bombe

　波美度30°的糖漿 sirop à 30°B —— 140g

　蛋黃 jaune d'œuf —— 120g

甘那許 ganache

　鮮奶油 crème fraîche —— 70g

　黑巧克力（可可成分70%）

　couverture noire 70% de cacao —— 300g

　＊隔水加熱至45℃融化。

鮮奶油 crème fraîche —— 530g

⊙黑巧克力鏡面 glaçage chocolat noir

牛奶 lait —— 165g

鮮奶油 crème fraîche —— 165g

葡萄糖 glucose —— 130g

透明鏡面果膠 nappage neutre —— 30g

可可粉 cacao en poudre —— 20g

黑巧克力（可可成分70%）

couverture noire 70% de cacao —— 300g

＊隔水加熱至40〜45℃融化。

⊙裝飾用 pour décor

黑巧克力（可可成分58%）

couverture noire 58% de cacao —— 適量 Q.S.

＊調溫。

切碎的焦糖杏仁

amandes hachées caramélisées —— 適量 Q.S.

＊用較杏仁碎更粗的杏仁粒製作（→P65）。

| 巧克力熱內亞海綿蛋糕

1

2

3

4

組合的前一天製作。在生杏仁膏中少量逐次地加入全蛋，以手抓握使結塊消失般的混拌。待變得柔軟後，改以攪拌器摩擦般地混拌。

最後一次加入全蛋時，一併加入細砂糖。

隔水加熱，使砂糖融化溫熱至50℃以下混拌，呈現溫熱狀態即可。

待成為乳霜狀之後，改以高速攪打，打發至呈緞帶狀為止。

5

可可粉、麵粉、泡打粉混合過篩。

6

將融化奶油加入裝有融化巧克力的缽盆中，以橡皮刮刀充分混拌。

7

將4的1/4量加入6，以橡皮刮刀混拌。

8

其餘的4放入較大缽盆中，加入5的粉類，以切開般的混拌方式大動作混拌。待形成軟膏狀時，最後加入7。

| 香酥脆餅

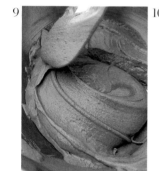

9

邊轉動缽盆邊以切開般地進行混拌，待顏色均勻即可。

10

將直徑18cm的環形模放在舖墊矽膠墊的烤盤上，將9倒入其中。

11

用190℃的旋風烤箱烘烤20分鐘，降溫後置於室溫下放置一夜。

1

參照P141的1～6，製作巧克力砂布列麵團，以160～170℃烘烤15分鐘。放置冷卻，粗略敲碎。
＊以剩餘麵團烘烤也可以。

| 焦糖

2

將1放入食物切碎機內攪打。短暫攪打使其成為碎粒狀。取其中100g。

3

將2和焦糖杏仁碎、脆餅一起放入缽盆中，加入融化混合的牛奶巧克力和可可脂，沾裹混拌。

4

將3分別放入直徑16cm的2個環形模當中，用湯匙背均勻推開使其呈均勻厚度舖滿。放入冷藏室使其凝固。

1

參照P33的步驟3～4，加熱細砂糖熬煮成焦糖，待呈色後加入蜂蜜。在其他鍋中同時溫熱鮮奶油。

2

當氣泡覆蓋全體，開始冒煙確實焦糖化後，加入1溫熱的鮮奶油混拌。

3

再沸騰後，過濾至較深的寬口鍋中，以除去焦糖的結塊。

4

熬煮至103℃。不斷地由鍋底刮起般地進行混拌。

＊因為是柔軟的焦糖狀，所以在組合前一天製作，用保鮮膜包覆置於冷藏室。

5

將牛奶和泡水擠乾還原的板狀明膠放入其他的鍋子加熱，混拌板狀明膠使其融化。

6

將4隔水加熱溫熱至人體皮膚的溫度，量測600g放入缽盆中。加入1小撮鹽之花，以橡皮刮刀混拌。

7

在6當中加入5的牛奶液並混拌。

8

當7混拌後，墊放冰水用橡皮刮刀邊混拌邊使其降溫，至不熱也不冰的溫度。

＊香酥脆餅不會融化的溫度。

9

將8移至較深的容器，以手持攪拌棒攪打至滑順。等量均勻地倒入底部舖放香酥脆餅的環形模中。放入冷凍室使其凝固。

| 黑巧克力鏡面

1

在鍋中放入牛奶、鮮奶油、溫熱軟化的葡萄糖、透明鏡面果膠、可可粉，避免煮至沸騰地邊混拌邊加熱，融化葡萄糖。

2

將1分成3～4次，加入裝有融化黑巧克力的缽盆中，每次都避免空氣進入，以橡皮刮刀混拌。

3

用橡皮刮刀將沾在鍋緣的鏡面刮下，避免與空氣接觸，緊密貼合地覆蓋上保鮮膜。不立即使用時，置於冷藏室保存。

| 黑巧克力慕斯、組合

1

在靜置一夜的熱內亞海綿蛋糕模型的邊緣插入刀子，使其脫模。切去上下的薄片，留下中間1.5cm厚的海綿蛋糕片。

2

用直徑16cm的環形模壓切出2片蛋糕體。

＊熱內亞蛋糕的2片分開烘烤，是為了使蛋糕體可以完全充分受熱。

3

製作黑巧克力慕斯。首先製作炸彈麵糊，將波美度30°的糖漿放入鍋中，加熱至沸騰，邊混拌攪散的蛋黃邊少量逐次加入。

4

隔水加熱3，邊混拌邊加熱，待顏色變白變得沈重（照片）時，移至攪拌機的缽盆裡。

5

用攪拌機以高速打發降溫至人體皮膚的溫度。

＊使其與甘那許能同時完成。

6

製作甘那許。將70g的鮮奶油溫熱至70～80℃，加入以45℃融化的黑巧克力中，用攪拌器緩慢攪拌使其乳化。

7

用攪拌器將530g的鮮奶油打發，至表面留下淡淡痕跡的程度。

8

將7的鮮奶油半量加入6當中，以攪拌器充分混拌。

9

接著用橡皮刮刀由底部翻起般混拌至均勻。

10

將7剩餘的鮮奶油加入9，邊轉動缽盆邊如切開般地進行混拌。

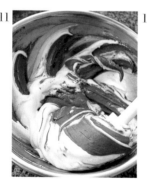

11

在10當中加入5的炸彈麵糊，同樣地混拌。最後由底部翻起般混拌至均勻。

12

預備直徑18cm的環形模，在內側圍上一圈膠片並置於厚紙等上方。用口徑約1.5cm的擠花嘴將11的慕斯絞擠在周圍邊緣約2cm寬。

13

用抹刀將慕斯朝邊緣上方推抹。

＊為使慕斯貼合，側面不致產生空洞。

14

將切片的熱內亞蛋糕各按壓放入1片，代替黏著劑地再絞擠少量慕斯。

15

在14當中將香酥脆餅和焦糖放入按壓，較硬的焦糖置於上方。
＊完成時會成為硬質材料在下方的組合狀態。

16

再次將慕斯絞擠成旋渦狀，以刮板推開後用抹刀均勻平整表面。這個階段中，表面的氣泡可以不用理會。置於冷凍室15分鐘。

17

再次塗抹慕斯，以刮板平整表面。放入冷凍室冷卻凝固。

| 巧克力裝飾

1

在常溫的烤盤背面貼上烤盤紙，以刮板薄薄地刷塗推開調溫過的黑巧克力。用小型刮板劃出線條。

2

將1連同烤盤紙擺放到樋型模上，折出彎曲形狀，烤盤紙兩端用小磁鐵固定。置於17～18℃的室溫下凝固。

3

黑巧克力鏡面調整成40～45℃，移至較深的容器內。以手持攪拌棒攪打使其乳化，產生光澤。

4

預先用噴槍溫熱凝固的慕斯模型，脫模去除膠片，放置在架於方型淺盤的網架上。將3從上方澆淋覆蓋。

5

以抹刀從上方推開平整表面，置於冷藏室使其緊實。立刻取出。

6

用手將焦糖杏仁碎沾黏在5的底部周圍，遮住鏡面淋醬的邊緣。將2的巧克力片適度地裁切裝飾。

伯爵茶和巧克力的樹幹蛋糕
BÛCHE EARL-GREY ET CHOCOLAT AU LAIT

伯爵茶與榛果的香氣勢均力敵

分量　寬8cm×高5cm、長24cm的樋型模2個

⊙伯爵茶杏仁海綿蛋糕biscuit Joconde earl-grey
榛果粉（帶皮）noisette brutes en poudre —— 100g
糖粉 sucre glace —— 80g
百合花法國粉 LYS D'OR —— 30g
伯爵茶葉（粉末）thé earl-grey en poudre —— 10g
＊打成粉狀。

全蛋 œuf entier —— 3個
蛋白 blanc d'œuf —— 130g
細砂糖 sucre semoule —— 50g
融化奶油 beurre fondu —— 20g

⊙伯爵茶達克瓦茲 dacquoise earl-grey
糖粉 sucre glace —— 130g
百合花法國粉 LYS D'OR —— 45g
伯爵茶葉（粉末）thé earl-grey en poudre —— 10g
榛果粉（帶皮）noisette brutes en poudre —— 130g
蛋白 blanc d'œuf —— 210g
細砂糖 sucre semoule —— 75g

糖粉 sucre glace —— 適量 Q.S.

⊙牛奶巧克力奶油餡 crémeux chocolat au lait
蛋黃 jaune d'œuf —— 80g
細砂糖 sucre semoule —— 20g
牛奶 lait —— 190g
鮮奶油 crème fraîche —— 190g
板狀明膠 gélatine —— 6g
牛奶巧克力（可可成分40%）
couverture au lait 40% de cacao —— 200g
＊切成細碎。

⊙伯爵茶慕斯 mousse earl-grey
義式蛋白霜 meringue italienne —— 取其中的160g
│ 細砂糖 sucre semoule —— 200g
│ 水 eau —— 砂糖的1/4分量
│ 蛋白 blanc d'œuf —— 100g
伯爵茶葉 thé earl-grey —— 20g
牛奶 lait —— 80g
鮮奶油 crème fraîche —— 80g
蛋黃 jaune d'œuf —— 80g
板狀明膠 gélatine —— 8g
鮮奶油（打發）crème fouettée —— 240g

⊙榛果牛奶巧克力鏡面 glaçage lait et noisettes
榛果帕林內 Praliné aux noisettes（→P20）—— 120g
鮮奶油 crème fraîche —— 150g
透明鏡面果膠 nappage neutre —— 450g
板狀明膠 gélatine —— 9g
牛奶巧克力（可可成分40%）
couverture au lait 40% de cacao —— 345g
＊以40℃使其融化。
榛果 noisettes grillées —— 140g
＊以170～180℃烘烤10～15分鐘，對切。

⊙裝飾用 pour décor
巧克力裝飾（圈捲狀B）
décor de chocolat（bigoudi B→P200）—— 適量 Q.S.
＊用牛奶巧克力製作。

│ 伯爵茶杏仁海綿蛋糕

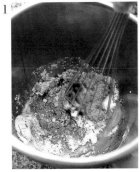

1 將榛果粉、糖粉、麵粉和伯爵茶葉、全蛋放入攪拌機的缽盆中混拌。針對香氣的觀點而使用帶皮的榛果粉。

2 用攪拌器攪拌1並隔水加熱溫熱成35～40℃。
＊一旦溫熱，液體的表面張力變弱，就容易打發。

3 攪拌機以高速確實打發2，成為顏色發白鬆軟的膏狀。

4 在另外的攪拌機缽盆放入蛋白，邊混拌邊隔水加熱使其略微溫熱。攪拌機以中速攪拌打發。

5

表面會殘留混拌痕跡時，
少量逐次地加入細砂糖，
緩慢提升攪拌速度，攪打
成氣泡細緻的蛋白霜。

＊若氣泡粗大，烘烤後會
凹陷。

6

將5的蛋白霜移至大缽盆
中，邊畫圈狀混拌邊整合
全體的氣泡。

＊若是缽盆不夠大時，容易
壓破氣泡。

7

溫熱的融化奶油加入3當
中，大動作混拌。

＊若不先溫熱，奶油會因冷
卻而凝固，無法混拌。

8

將7加入6當中，邊轉動
缽盆邊如切開般地進行
混拌。

伯爵茶達克瓦茲

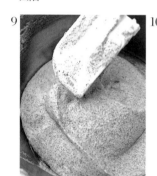

9

攪拌至均勻不結塊即可。
倒入舖有烤盤紙30×50cm
的烤盤上。

10

避免破壞氣泡地輕輕推開
均勻厚度，用手指沿著烤
盤周圍拭去麵糊。

＊拭去烤盤周圍的麵糊，可
以在烘烤完成時蛋糕更容易
脫出。

11

放入200℃的旋風烤箱內
烘烤約10分鐘。從烤盤上
取出，置於網架會留下痕
跡，所以擺放在其他冷烤
盤上冷卻備用。

1

糖粉130g、麵粉、伯爵茶
葉混合過篩，混合榛果粉
備用。

2

蛋白隔水加熱至回復常溫
（若不是冰冷狀態則可直接
使用），與伯爵茶杏仁海綿
蛋糕的步驟5～6同樣地打
發，移至大缽盆中整合。

3

將1分成3～4次加入2，
每次加入都以橡皮刮刀如
切開般地進行混拌。

4

混拌至均勻不結塊，倒入
24×33cm的方框模中。

5

以刮板仔細地推展，推展
成1cm厚即可，薄薄地篩
撒上糖粉。

6

放入180℃的旋風烤箱內烘烤約30分鐘。

＊若沒有旋風烤箱，也可以用一般烤箱烘烤。

7

脫模後立刻緊密貼合地覆蓋保鮮膜冷卻。

＊覆蓋保鮮膜可以使其保持潤澤。

1

製作英式蛋奶醬（crème anglaise）。在缽盆中放入蛋黃攪散，加入細砂糖以摩擦般混拌。

2

在鍋中加入牛奶和鮮奶油，加熱至沸騰，邊倒入1邊進行混拌。

3

放回鍋中，加入泡水擠乾還原的板狀明膠。熬煮至產生黏稠成為napper狀（如布巾覆蓋刮杓的狀態）為止，邊以刮杓混拌邊加熱至85℃。

4

加入切碎的牛奶巧克力，用攪拌器均勻混拌。

＊使用已融化巧克力會不容易降溫，所以只需切碎加入。

5

過濾至缽盆中，墊放冰水邊混拌邊使溫度降至35℃。移至較深的容器內。以手持攪拌棒攪打使其乳化。

6

在伯爵茶杏仁海綿蛋糕上，避免沾黏地輕輕篩撒上糖粉。將舖有烤盤紙的面朝上，撕去烤盤紙。

7

先將6分切成2片30×24cm，再各別分切成2片17×24cm和6×24cm。

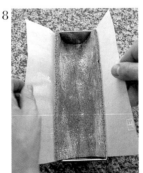

8

將寬幅17cm的蛋糕體放置在裁切成24×30cm的烤盤紙上，篩撒糖粉的面朝上，連同烤盤紙放入槽型模內。蛋糕體略高出兩側。

9

各別在2個8的模型中倒入300g的5。

10

擺放上切成6cm的蛋糕體，放入冷藏室。

＊蛋糕體烘烤面朝上或朝下都可以。

1

製作義式蛋白霜。將細砂糖和水放入鍋中加熱，加熱至Petit Boule（取少量放入冰水測試，會成為小小的圓球）為止。

2

與1同時低速地開始打發蛋白。待全體被氣泡覆蓋時，少量逐次地加入1，完全加入後改為中速，攪拌打發降溫至人體皮膚的溫度。

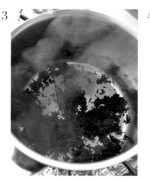

3

在鍋中放入2大匙的水（分量外）和伯爵茶葉燜泡，加熱至茶葉吸收水分展開為止。

4

在另外的鍋中放入牛奶和80g的鮮奶油煮至沸騰，放入3。蓋上鍋蓋，使其釋出香氣。

＊放置超過3分鐘會變苦。

5

用圓錐形濾網將4過濾至鍋中，確實按壓過濾。

6

將蛋黃放入缽盆中，仔細攪散，加入5充分混拌，也加入泡水擠乾還原的板狀明膠，以中火加熱。

7

邊混拌使板狀明膠融化地加熱，同時還能殺菌。

8

將7倒至缽盆中，墊放冰水邊混拌邊冷卻至人體皮膚溫度，待出現稠濃時除去墊放的冰水。

9

用攪拌器將鮮奶油打發，至表面會殘留痕跡的程度，取240g加入8當中。加入冰涼的鮮奶油會變得緊實，所以攪拌器要用力畫圈狀混拌。

10

先取部分的9加入2的義式蛋白霜當中，用橡皮刮刀充分混拌。

11

粗略混拌後加入剩餘的9，如切開般地輕輕混拌。

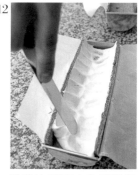

12

置於冷藏室中的模型取出，將11的伯爵茶慕斯滿滿地倒入模型中，以抹刀往兩側向邊緣上方推抹。

13

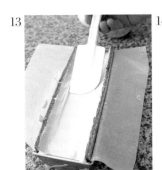

再次將慕斯加至9分滿，以橡皮刮刀均勻表面。配合模型的寬度分切伯爵茶達克瓦茲的中央部分，切下7×24cm共2片。

14

在13的慕斯上擺放分切後的伯爵茶達克瓦茲，烘烤面朝下放置。

15

將模型兩側的烤盤紙向中央交錯折疊，塗上少許慕斯固定。冷凍使其凝固。

1

將榛果帕林內、鮮奶油、透明鏡面果膠、泡水擠乾還原的板狀明膠一起放入鍋中，加熱至70～80℃，使板狀明膠融化。

2

在牛奶巧克力中加入1混拌，溫度調整成40～45℃。

3

移至較深的容器內，以手持攪拌棒攪打使其乳化。榛果在完成時才加入。

完成

1

加溫冷凍模型的側面，在模型邊緣插入刀子使其脫模。為隱藏表面氣泡的凹凸而用抹刀摩擦般地塗抹少量鏡面。

2

移動裁切成帶狀的烤盤紙，輕輕抹均勻鏡面。放入冷藏室使其緊實。
＊平整表面。

3

取必要分量的鏡面，調整溫度至40～45℃，再次以手持攪拌棒攪打使其乳化。加入烘烤過的榛果混拌。

4

將2擺放在置於方型淺盤的網架上，仔細均勻地澆淋上3。

5

將滴落下的榛果調整擺放的位置，切除兩端並擺放牛奶巧克力裝飾。

黑巧克力和紅色水果的點心杯
VERRINES AU CHOCOLAT NOIR ET FRUITS ROUGES

濃郁與酸味。充分享受風味的對比樂趣

分量　容量60cc的玻璃杯20個

⊙牛奶巧克力片 plaque de chocolat au lait

＊預備放置回復常溫的烤盤，和較玻璃杯口徑略小一圈的切模。

牛奶巧克力（可可成分38%）

couverture au lait 38% de cacao —— 100g

＊調溫。

⊙黑巧克力凍 gelée de chocolat noir

細砂糖 sucre semoule —— 25g

果膠 pectine —— 3g

牛奶 lait —— 350g

黑巧克力（可可成分64%）

couverture noire 64% de cacao —— 120g

＊切成極細碎狀。

⊙奶酥碎粒 streusel

＊糖粉改以紅糖代替，與P146同樣地製作，
用160～170℃的旋風烤箱烘烤約15分鐘。

奶油 beurre —— 100g

紅糖 cassonade —— 100g

百合花法國粉 LYS D'OR —— 100g

杏仁粉 amandes en poudre —— 100g

鹽之花 fleur de sel —— 1g

⊙糖煮紅色水果 compote de fruits rouges

草莓果泥 purée de fraise —— 150g

覆盆子果泥 purée deframboise —— 100g

黑醋栗果泥 purée de cassis —— 70g

細砂糖 sucre semoule —— 15g

太白粉 fécule —— 10g

板狀明膠 gélatine —— 3g

藍莓（新鮮）myrtille fraîche —— 50g

覆盆子（新鮮）framboise fraîche —— 50g

草莓（新鮮）purée de fraise fraîche —— 50g

＊切成與其他水果同大。

⊙裝飾用 pour décor

覆盆子（新鮮）framboise fraîche —— 20顆

糖粉 sucre glace —— 適量 Q.S.

巧克力裝飾（棒狀）

décor de chocolat（stick plat→P198）—— 20根

| 牛奶巧克力片

1 與P185黑巧克力片步驟1同樣技巧，將調溫過的牛奶巧克力薄薄地塗抹推展，用比玻璃杯略小的切模壓切出20片。

2 立刻覆蓋上烤盤紙，翻面。剝除表面的烤盤紙，置於17～18℃的室溫下凝固。
＊用於間隔。

| 黑巧克力凍

1 充分混合細砂糖和果膠，在加熱至溫度40℃的牛奶中，如飄雪般地加入（為避免產生結塊）並混拌。

2 熄火，將切成細碎的巧克力加入1，以攪拌器從中央開始混拌，混拌至均勻即可。

3

將2移至缽盆中墊放冰水，立即邊混拌邊將溫度降至微溫程度。即使有塊狀也OK。

＊接觸缽盆的部分會比較快凝固，所以必須迅速地進行作業。

4

移至較深的容器內，以手持攪拌棒攪打使其乳化，成為滑順狀態。

5

將4放入填充器內，注入玻璃杯至1/3。

＊必須注意不要弄髒玻璃杯的內側與邊緣。

1

將3種果泥放入平底鍋中加熱混拌，待出現氣泡時，改以攪拌器邊混拌邊加熱至沸騰。

2

將充分混拌過的細砂糖和太白粉加入1當中，邊混拌邊加熱。至再度沸騰產生濃稠時，加入泡水擠乾還原的板狀明膠和水果，以刮刀混拌。

3

當2再度沸騰時，熄火，移至缽盆。墊放冰水邊混拌邊冷卻至感覺不到溫度為止。

＊即使冷卻也不會凝固。

4

用竹籤刺入牛奶巧克力片擺放在注入了黑巧克力凍的玻璃杯中，用於隔間。

5

在玻璃杯中放入約多於1/3的奶酥碎粒。

＊因口感輕盈所以多放也沒關係。

6

用前端剪出較大切口的擠花袋，將3擠至玻璃杯中，均勻表面。稍微置於冷藏室後，擺放撒有糖粉的覆盆子和巧克力裝飾，即可享用。材料會吸收濕氣，所以不要提早製作。

熱帶水果風味的焦糖巧克力杯
VERRINES AU CHOCOLAT, CARAMEL EXOTIQUE, GELÉE DE CHOCOLAT AU LAIT

濃稠柔軟，且充滿美味的熱帶水果風味

分量　容量60cc的玻璃杯20個

⊙牛奶巧克力凍 gelée de chocolat au lait

＊參照P181，巧克力改用牛奶巧克力，同樣地製作。

細砂糖 sucre semoule —— 10g

果膠 pectine —— 3g

牛奶 lait —— 350g

牛奶巧克力（可可成分40.5%）

couverture noire 40.5% de cacao —— 150g

＊切成極細碎狀。

⊙熱帶水果風味焦糖 caramel exotique

香蕉（成熟）banane mûre —— 150g

＊直接放入較深的攪拌杯中，用手持攪拌棒打成果泥。

百香果果泥 purée de fruit de la Passion —— 105g

椰子果泥 purée de noix de coco —— 45g

芒果果泥 purée de mangue —— 45g

鳳梨果泥 purée ananas —— 45g

細砂糖 sucre semoule —— 90g

葡萄糖 glucose —— 95g

鮮奶油 crème fraîche —— 45g

奶油 beurre —— 45g

⊙黑巧克力奶油餡 crémeux chocolat noir

鮮奶油 crème fraîche —— 500g

黑巧克力（可可成分70%）

couverture noire 70% de cacao —— 125g

＊切成極細碎狀。

⊙焦糖榛果碎

noisettes concassées caramélisées

＊參照P65的焦糖杏仁碎製作。
　使用切成碎粒的榛果，
　波美度30°的糖漿是細砂糖和水加熱煮溶砂糖製成，
　奶油以可可脂替代。

榛果 noisettes —— 150g

＊切成1/8左右的碎粒。

細砂糖 sucre semoule —— 45g

水 eau —— 20g

可可脂 beurre de cacao —— 15g

＊融化。

⊙黑巧克力片 plaque de chocolat noir

＊預備放置回復常溫的烤盤，和較玻璃杯口徑略小一圈
　的切模。

黑巧克力（可可成分58%）

couverture noire 58% de cacao —— 100g

＊調溫。

⊙裝飾用 pour décor

巧克力裝飾（圈捲狀A）décor de chocolat
（bigoudi A→P200）—— 適量 Q.S.

＊用黑巧克力製作。

| 熱帶水果風味焦糖

1　用手持攪拌棒攪打香蕉，其他的果泥放入鍋中，加入細砂糖、葡萄糖和鮮奶油。

2　用小火加熱1，至開始產生稠度後用刮刀邊混拌邊緩緩加熱。

3　待其濃稠，且呈現透明感時，已接近完成。

4　待出現大的氣泡沸騰時熄火，加入奶油混拌。移至缽盆中，墊放冰水並混拌冷卻至人體皮膚的溫度。

| 黑巧克力奶油餡

| 1 | 2 | 3 | 4 |

鮮奶油放入鍋中至沸騰後熄火，加入切碎的黑巧克力使其融化。

充分混拌使其完全融化。

＊為使步驟1，鮮奶油沸騰時產生的蛋白質薄膜，在4冷卻時不要混入之後的液體中。

將2移至較深的容器內，以手持攪拌棒攪打使其成為滑順狀態。

＊巧克力的分量少，所以乳霜狀會更美味。

將3放入填充器內，注入玻璃杯至1/3。先置於冷藏室。

| 黑巧克力片

| 1 | 2 | 3 | 4 |

將烤盤紙以膠帶固定在回復常溫的烤盤背面，將調溫過的黑巧克力薄薄地塗抹推展，使其凝固至觸摸時不沾黏的程度。

用比玻璃杯略小的切模按壓出40片，立刻覆蓋上烤盤紙和烤盤，翻面，剝除表面的烤盤紙，置於室溫下凝固。

用竹籤刺入2，分別擺放在注入了黑巧克力凍的玻璃杯中，暫時置於室溫下待玻璃杯內的結露消失為止。

加入切碎的焦糖榛果粒約2小匙。

＊顆粒大所以需要比較長的咀嚼時間，目的在於品嚐到的風味，能在口中停留較長的時間。

| 5 | 6 | 7 |

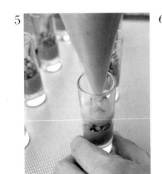

將熱帶水果風味焦糖裝入擠花袋內，從側面朝中央劃出旋渦狀地絞擠入玻璃杯約1/4左右。

＊絞擠完全放涼的熱帶水果風味焦糖。

用竹籤刺入另1片黑巧克力片擺放至杯中。

將牛奶巧克力凍放入填充器內，絞擠至上方約剩5mm處。置於冷藏室稍稍冷卻，享用時再擺放巧克力裝飾。當天享用，不要提早製作。

製作巧克力裝飾、配件

巧克力的必要性有多高呢

想要製作一點小裝飾時，作業時間短且對應上製作量，只要300g～1kg就已十分足夠。少量時，以使用冰水的技巧（→P42）完成調溫即可。

製作20～40cm的小型配件時，雖依形狀有所區分，但調溫過的巧克力大約全量使用1～1.5kg。沒有保溫器時，以3kg分量進行調溫，能讓溫度不易下降而容易進行。

黏著時的硬度

能用竹籤或刀子等劃出線條的硬度，就是黏著的最佳時間點。可可脂具有一旦冷卻後會收縮的性質，所以過於柔軟時，黏著面會因之後的收縮而偏離。

要厚還是要薄

倒入模型或烤盤時，想要呈現輕薄，調溫過的巧克力可在流動性略高的作業溫度進行；反之想要呈現厚度時，可用略低的溫度使其呈現厚重感。

冷卻了該怎麼辦

溫度降低時會增加黏性，少量或僅需略升溫時，可以用吹風機的熱風噴往缽盆的側面或表面；大量時則用隔水加熱，調整至適當溫度。

模型與可可脂

可可脂與奶油不同，是幾乎沒有可塑性的油脂，而且凝固時會收縮緊實。因而可以用於脫模或剝離。塑形時，確認是否看到模型內側泛白的空隙，利用的就是這個特性。

融化的巧克力和調溫過的巧克力

僅融化的巧克力也含有可可脂，所以一樣會在凝固時收縮。但經過調溫的巧克力，因粒子緊密地排列凝固，所以收縮也較少。所以只要確保溫度和濕度，可以長時間保存。僅融化的巧克力，因粒子的排列方式較疏鬆，所以收縮也較為劇烈，會隨著時間而崩壞。想要長時間保存的配件，會調溫製作以用於裝飾。並且，調溫過的巧克力具有光澤、口感滑順、咀嚼時脆口，品質也較高。

剩餘的巧克力該怎麼辦

調溫過的巧克力，可以直接倒入模型或烤盤使其凝固，用保鮮膜等包覆後，保存於密閉陰暗處，也可重新使用。大理石紋的混合巧克力，則可混拌牛奶巧克力使用。

裝飾和配件的保存方法

雖然小型巧克力的裝飾或配件，置於17～18℃的室溫下保存最佳，但若置於比巧克力的融點較低的24～25℃以下的室溫，也可以保存幾個月。只是務必要防塵用保鮮膜等包覆處理。

巧克力裝飾等，不立即使用時，可以放入密閉容器內，用保鮮膜包覆避免潮濕，也可以放入冷藏室。此時連同密閉容器一起放置回復室溫，避免結露非常重要。

自己製作模型

想要製作獨特的配件用矽膠模型時，可以在手作商店等購買矽膠套組。先塑出想要使用的模型，再倒入矽膠翻模製作。

6

巧克力裝飾與配件

Décors et Pièces

1 溫熱烤盤
Décor sur plaque chaude

將融化巧克力塗抹在溫熱烤盤上，
在「表面結晶化但中間仍為柔軟狀態」下刮平成形的裝飾。
特徵是大多呈現柔和曲線。
調溫後會立即凝固，所以使用融化的巧克力即可。

預備烤盤和巧克力

［白巧克力、牛奶巧克力］

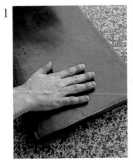

1　以50℃溫熱烤盤，使用背面。約是瞬間可觸摸的熱度。溫度會立即降低，因此作業時要溫熱得略高於50℃。
＊溫度過高時，巧克力也會燒焦，所以必須多加留意。

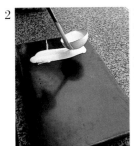

2　在40～45℃融化的巧克力倒至烤盤一側。
＊調溫過的巧克力會立刻凝固，所以使用融化的巧克力即可。

3　用刮板儘可能迅速地薄薄推開延展。
＊塗得過厚時不易作業，而且完成時也會不夠美觀。

4　稍稍放入冷凍室，使表面凝固，觸摸時不會沾黏即可，在仍柔軟的狀態下進行作業。
＊在冷凍室放置過久，顏色會變白（→P43失敗例）。過度凝固時可以放入剛用過的烤箱，或以吹風機的熱風溫熱。

［黑巧克力］

使用不含乳蛋白的黑巧克力時，會較早結晶化、凝固（→P40），為能完成柔美的成品，可以視其凝固狀態，最多可添加巧克力重量10%的沙拉油，與左述相同地準備。大量製作時，最好添加以利作業。

［作成大理石花紋圖樣］

1　巧克力各以40～45℃融化。在融化的白巧克力中，各別描繪般地繞圈倒入黑巧克力、牛奶巧克力，用橡皮刮刀由底部翻起般混拌3次左右，作成大理石紋。

2　在溫熱的烤盤背面，使表面能呈現漂亮大理石花紋圖樣，覆蓋般地左右動作倒入巧克力。

3　用刮板如左側照片般，同樣迅速地薄薄推開延展。
＊用抹刀往返數次推擀，會導致顏色的混雜，所以儘量以較少的次數推展。

扇形
Éventail

[扇形的應用]
花a
Fleur a

1

用左手食指按壓巧克力的左邊，並以三角刮板筆直刮削。
＊筆直以相同幅度刮削就是技巧。

2

按壓著的左邊，呈現的皺摺層疊就變成扇形。待成為個人喜歡的形狀後，切斷刮削邊即可。
＊改變食指按壓的位置，就能夠變化扇形大小。

3

按壓著的左側就是這樣。雖然三角刮板很容易使用，但也有人利用單邊刀刃的刀子刮削，必須將刀刃斜邊朝上進行。
＊如果像一般的刮板，刮削側的切面不是斜向，則皺摺不會層疊。

1

刮削出長長皺摺狀的扇形，用右手按壓層疊的部分做為軸心，捲起就變成了花朵。

失敗例：皺摺有裂紋

理由:巧克力太硬的關係要在柔軟時刮削，才能刮削出皺摺層疊的曲線狀態。巧克力的溫度過低時就會變硬。

失敗例：無法形成皺摺

理由：因為巧克力過於柔軟
巧克力的溫度過高則會變得柔軟，按壓的左邊過軟而無法層疊成皺摺狀。

[扇形的應用]
花b
Fleur　b

寬條狀
Tagliatelle de
chocolat

1

刮削成較長的扇形，將兩端貼合按壓，皺摺層為中心成為圈狀。

1

用三角刮板寬幅地筆直刮平。

2

刮削成較1略短的長度，同樣地貼合兩端，成為碗狀地擺放在1的上方。

2

用義大利麵製麵機分切成麵條狀，改變機器的裝置就能變化調整寬幅的粗細變化。

3

刮削成再更短的長度，以旋渦狀捲起，擺放在2的中央處。

雪茄狀
Cigarette

紙卷形
Cornet

1 用三角刮板以均勻的力道筆直刮削。開始刮削的部分為芯，使其自然捲成筒狀。

＊刮削較短就較細，長長刮削時就會變粗。

1 用三角刮板與雪茄同樣地以均勻力道筆直刮削。避免刮削的邊緣重疊捲起，所以用左手輕拿，進行刮削。

2 將1直向放置，斜向捲起。
＊刮削較短就較細，長長刮削時就會變粗。

2 冰冷烤盤
Décor sur plaque froide

相對於使用溫熱烤盤的plaque chaude（→P188），
使用冰冷烤盤的plaque froide是比較經典的作法。
巧克力的表面瞬間被冷卻，但中心部分卻仍帶有可塑性的狀態，
所以可以像柔軟的塑膠般，自由地製作出形狀。用融化的巧克力製作。

巢
Nid de chocolat

[用於小蛋糕Petit Gâteaux]

1　以40～45℃融化巧克力，
抹刀前端蘸取極少量。

2　快速在置於結霜般冷凍室
冷卻的烤盤背面，將1塗
抹成較蛋糕高度更長的寬
幅。立即切去邊緣整形，
用三角刮板從邊緣提起。
＊使用盛裝冰水的方型淺
盤，使大理石板保持冰
涼，就能長時間進行作業。

3　用2將蛋糕（照片中使用
罐子代替）捲起。
＊同樣地刮削出帶狀，並將
小型巧克力蛋糕包捲起來。

4　用手指抓取上端整形，作
為裝飾。

1　在40～45℃融化的巧克
力，裝入擠花袋，切去前
端小小尖角。在冷凍室冷
卻的烤盤背面，以擠花袋
左右大動作地揮動，迅速
擠出細絲。
＊長時間進行作業，可使
用盛裝冰水的方型淺盤，
讓大理石板保持冰涼。

2　迅速地整合。
＊會立即凝固，所有的步
驟過程都必須迅速進行就
是技巧。

3　將2製作成輪狀。僅表面
變硬，所以必須放入冷藏
室使其凝固。冷藏室會
吸附濕氣，所以放置約5
分鐘，凝固後取出置於
室溫。

3 各種片狀巧克力裝飾
Décor plaquettes diverses

巧克力或是著色、或劃出圖案，製作成的片狀裝飾。
使用調溫過的巧克力，所以有光澤，
立即凝固就是特徵。

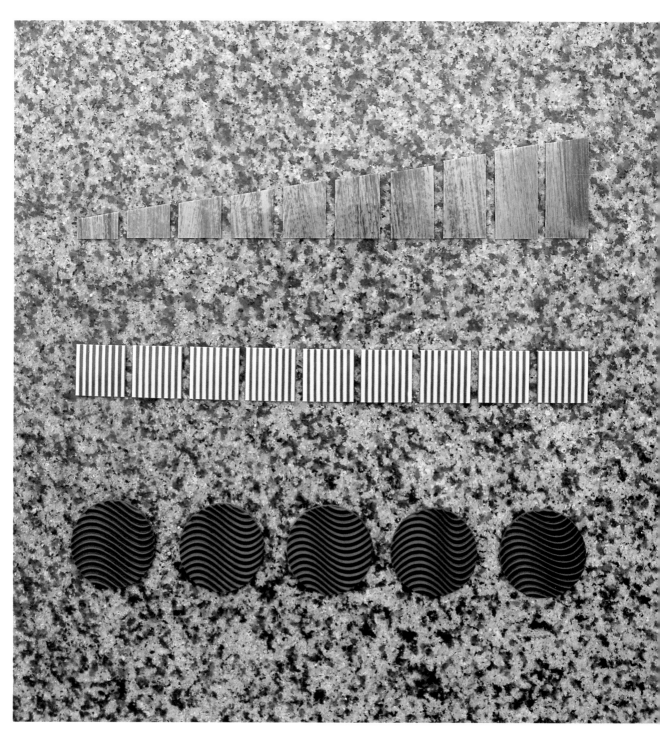

波浪圖案片
Plaquettes en vagues

條狀圖案片
Plaquettes en rayures

1 調溫過的巧克力倒在烤盤紙的最外側，用刮板朝自己的方向薄薄推展。觸摸時不沾黏，即可再次同樣地倒下巧克力並推展。

2 左右擺動齒梳（peigne）（劃出線條的工具），邊往自己的方向拉動劃出波浪圖案。
＊藉由1的2次塗抹，使下層凝固，在劃出圖案時不致刮削至底部。

3 稍稍放置於冷藏室凝固表面，並且趁柔軟時用切模按壓出圓形等個人喜好的形狀。之後立即覆蓋上烤盤紙和矽膠墊，並翻面。

4 趁著巧克力仍柔軟時，除去表面的烤盤紙，置於17～18℃的室溫下凝固。
＊最開始舖墊的烤盤紙，因與巧克力緊密貼合，所以巧克力一旦收縮會使其反向捲起，所以要立即除去。

1 在固定的烤盤紙最外側，倒下調溫過的白巧克力，用刮板朝自己的方向薄薄地推展。用力按壓齒梳朝自己的方向拉動以劃出條線圖案。
＊若凹槽部分的巧克力不完全削去，就無法表現出黑白對比的鮮明顏色。

2 在1的外側倒下調溫過的牛奶巧克力（與1不同顏色的巧克力），用力使其薄薄地推展。與色塊的步驟4～5（→次頁）同樣地，趁柔軟時分切，擺放重量使其凝固。

POINT

製作浮雕（relief）圖案時，為使之後容易剝離，會使用烤盤紙等不易沾黏的紙張。要呈現出光澤感或想要平滑表面時，會使用塑膠片，以塑膠片貼合面作為表面。無論哪一種，都會用雙面貼，將其平整沒有皺摺地貼在烤盤背面，才開始作業。

使用紙類時，一旦冷藏，待表面凝固後立刻翻面剝除。

色塊
Plaquettes en couleurs

1

融化的可可脂，邊視其顏色邊加入色粉，製作出個人喜好的顏色，調整成27℃後用刷子塗抹在塑膠片上。顏色層疊刷塗可以呈現較深的色彩，所以層疊塗抹上2～3色。
*顏色從淡色開始刷塗。

2

從1的外側開始倒下調溫過的白巧克力，彷彿覆蓋塑膠片般地朝自己的方向薄薄地推展。
*為使能漂亮地呈色，先刷塗白巧克力或溶於可可脂的白色。

3

在2的上面，如上述般地薄薄推展想要使用的巧克力（調溫過的）。

4

置於室溫下，觸摸時不沾黏，即可分切成必要的大小或形狀。

5

在4上面為避免反向捲起，壓上烤盤紙、烤盤，置於17～18℃的室溫下凝固。
*塑膠片不具透氣性緊密貼合，所以巧克力收縮時會因而反捲。為避免反捲，擺放重量使其平整的凝固。

POINT

用可可脂融化的色粉，以淡色開始依序刷塗。利用層疊刷塗更顯呈色。
想要使用作為基底的巧克力為黑巧克力或牛奶巧克力時，會先刷塗白巧克力或可可脂融化的白色色粉，使色粉能夠漂亮地呈色。

4 其他的裝飾
Décors divers

無論哪一種，使用的都是調溫過的巧克力，
製作成各種形狀的手法。

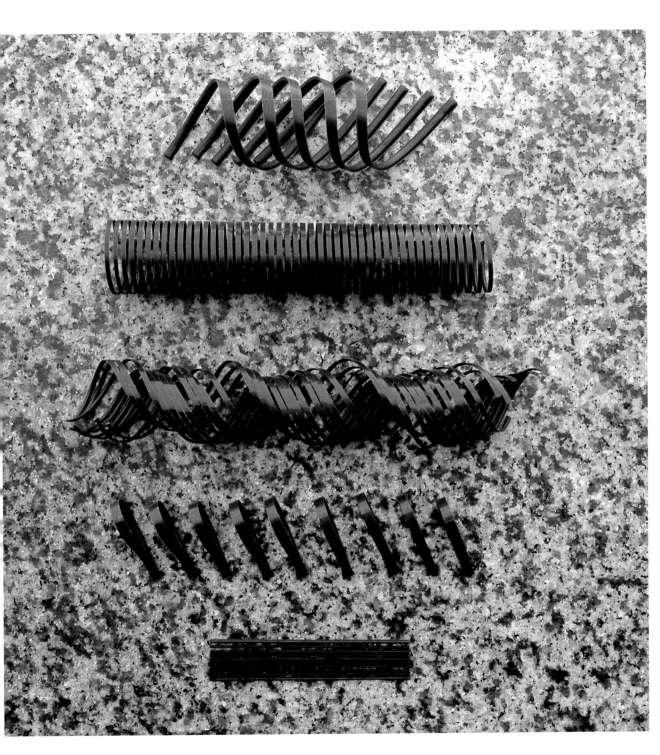

細條狀
Stick plat

圈狀
Bracelet

1 在烤盤紙上倒下調溫過的巧克力,用刮板推展,用力按壓齒梳地朝自己的方向拉動以劃出條線圖案。
＊想要呈現光澤時,則改舖塑膠片。

1 切下適度寬幅的帶狀塑膠片固定在大理石板上。從身體前方朝外薄薄地推展調溫過的巧克力,用齒梳劃出線條。用刮板刮去靠近自己身體方向和外側的多餘巧克力,整形成長10～12cm。

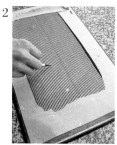

2 待表面乾燥後,用薄刃刀(照片上使用柳葉刀)切出個人喜好之長度。

2 趁尚未凝固前迅速地連同塑膠片捲成圓筒狀,將巧克力的兩端貼合地捲成圓筒。
＊為使邊緣貼合,在步驟1時,巧克力要推展直達塑膠片的邊緣。

3 略置於冷藏室使表面乾燥後,覆蓋上烤盤紙、矽膠墊翻面,立刻除去表面烤盤紙。置於17～18℃的室溫下凝固。
＊若不立即除去烤盤紙,之後可能會在除去時破壞成品。

3 用膠帶固定塑膠片,放入冷藏室使其稍加緊實後,立刻取出,置於17～18℃的室溫下凝固。凝固後即可拆除塑膠片。

POINT

塑膠片直接固定在大理石板時,先用濕布巾擦拭大理石板,有助於使其緊密貼合。

淚滴狀
Larme

網狀筒形
Grille

1

在固定的塑膠片上,與圈狀相同,由邊緣開始薄薄地推展調溫過的巧克力,用齒梳劃出線條。用刮板刮去靠近自己身體方向和外側的多餘巧克力,整形成長10cm。

1

將調溫過的巧克力放入紙捲擠花袋內,在固定好的20×15cm的塑膠片上,從自己的方向開始斜向、左右、上下地絞擠出線條,使其形成網狀。

2

將1移至烤盤,從自己的方向開始提起塑膠片,使巧克力的邊緣相互重疊。此時,不要按壓形成的橢圓圈。

2

用刮板刮去靠近自己身體方向和外側的多餘巧克力,整形四邊使其成為長12cm左右的長方形。從自己的方向開始將塑膠片捲起,與外側的巧克力邊緣貼合。

3
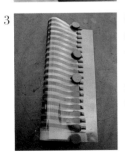

在2重疊的邊緣上擺放磁鐵使其固定。放入冷藏室使其稍加緊實後立刻取出,置於17～18℃的室溫下凝固。凝固後即可拆除塑膠片。

3

步驟2的塑膠片用膠帶固定,放在與圓形寬度相同的網架上。放進冷藏室使其稍加緊實後取出,置於17～18℃的室溫下凝固。多餘的邊緣可用噴槍溫熱過的刀子切除。

圈捲狀 A
Bigoudi A

圈捲狀 B
Bigoudi B

1

固定切成細長形的塑膠片，在外側擺放調溫過的巧克力，以刮板朝自己的方向薄薄推展。
＊加以扭轉的製作時，適合使用具有彈力多層糕點用的慕斯圍邊膠片。

1

如左方作法預備長形塑膠片，同樣地劃出線條，依個人喜好將其扭轉製作成形。

2

用齒梳劃出線條，用刮板刮去靠近自己身體方向和外側的多餘巧克力，整形。

3

立刻從大理石板上取下塑膠片。

4

迅速地將3的塑膠片扭轉後置於烤盤上，兩端以磁鐵固定。放進冷藏室使其稍加緊實後取出，置於17～18℃的室溫下凝固。凝固後即可拆除塑膠片。

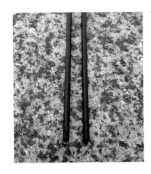

棒狀
Stick rond

1　預備較粗的吸管。將調溫過的巧克力裝入紙捲擠花袋內，由吸管的兩端開始緩慢地擠出。

2　放進冷藏室使其稍加緊實後取出，置於室溫下凝固後，用竹籤單邊插入將巧克力棒推出來。

5 配件用裝飾
Décor pour pièce

主要作為配件使用的裝飾，
利用調溫過的巧克力製作成各式各樣的形狀。
使其成為符合花、葉等造型用的形狀或顏色就是重點。

花的配件和葉片
Variété des pétales de fleurs et des feuilles

花瓣 A
Pétale de fleur A

花瓣 B
Pétale de fleur B

1

配合步驟4使用的樋型模尺寸，切出長方形的塑膠片。將其橫向放置在以濕布巾擦拭過的大理石板上，使其緊密貼合。用小型抹刀先取少量的調溫巧克力。

1

使用水果小刀的前端，與花瓣A同樣地製作，形成前端尖形的花瓣。

2
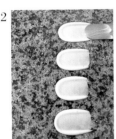
迅速地將1的巧克力按壓在塑膠片上，以按壓著的狀態朝自己的方向摩擦般拉動。

3

將2連同塑膠片一起彎曲，以膠帶臨時固定幾個地方。

4
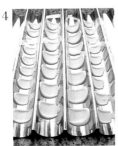
將3放入樋型模內。重覆步驟1開始的作業。全部完成後，置於17～18℃的室溫下使其慢慢凝固。凝固後拆除塑膠片。
＊急用時，可以稍稍置於冷藏室後取出，置於室溫下凝固。

花瓣 C
Pétale de fleur C

葉片 A
Feuille A

1

與花瓣 A（→ P203）的步驟1相同，預備塑膠片。將調溫過的巧克力裝入擠花袋，剪去前端，一邊擠一邊朝自己的方向拉動，使其形成淚滴狀。

2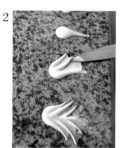

用水果小刀的刀尖，順壓著拉成放射狀，成為鋸齒般的圖案。與花瓣 A 的步驟3～4相同，放入樋型模內固定。

1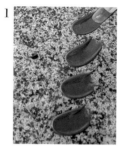

參照花瓣 A 的步驟1～2進行製作，但將巧克力斜向地壓著拉動。

2

與花瓣 A 的步驟3～4相同，用膠帶固定塑膠片，放入樋型模內固定。

葉片 B
Feuille B

1  配合使用的樋型模，切出長方形的塑膠片，用雙面膠等將其貼合在烤盤上。視融化可可脂的顏色，加入黃色色粉，溫度調整至27℃（關於色粉使用方法→P224）。

2  用刷子將1刷塗在塑膠片上。其餘加入綠色混拌後成黃綠色，同樣地塗抹，再加入藍色色粉混拌刷塗。
＊藉著層疊顏色可以呈現較深的色彩。色粉由淡色開始依序塗抹。

3  調溫過的牛奶巧克力放在2的邊緣，開始薄薄推展。
＊白巧克力作為底層塗抹後，可以形成更好的顏色呈現。

4  接著將調溫過的牛奶巧克力放在邊緣，同樣地推展。

5  直接稍加放置，待其光澤暗淡表面乾燥後，依個人喜好地使用薄刃刀（照片是柳葉刀）劃切出葉片形狀。

6  切除黏貼的膠帶，上面墊放烤盤紙，提起後翻面置於樋形模中。於17～18℃的室溫下凝固，拆除塑膠片。以具光澤，貼合塑膠片的方向作為正面。

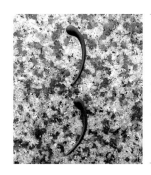

雌蕊
Pistil
—— 用於花朵的配件

花——組合
Montage de quelques variétés de fleur

花 A
Fleur A

1 將塑膠片固定在烤盤上，將調溫巧克力放入紙捲擠花袋內絞擠。先絞擠出球狀後，邊劃圓邊拉向自己的方向。

1 塑膠片上，用放入紙捲擠花袋內的調溫巧克力絞擠成50圓硬幣大小。作為底座。

＊黏貼時用的巧克力，以接近結晶點（→P40），略有黏度的狀態可以較快黏著。

2 在1的底座下方周圍，等距地插入3片花瓣A。

3 在2的內側，錯開2的花瓣位置，同樣直立地插入3片花瓣。

4 在底座中央朝外插入3根雌蕊。

花 B
Fleur B

花 C
Fleur C

1

與花A的步驟1相同，製作底座。在底座下方周圍，等距地插入7片花瓣B。

1

與花A的步驟1相同，製作底座。在底座下方周圍，等距地插入3片光澤面朝上的花瓣C。

＊一直接觸塑膠片的光澤面，作為表面使用。

2

在1的中央，用紙捲擠花袋將白巧克力滿滿地擠出，使底座變高。

2

在1的中央，用紙捲擠花袋將白巧克力滿滿地擠出，使底座變高。與1的花瓣錯開位置，插入3片花瓣。

3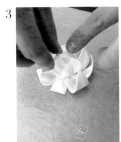

在高出的底座上，錯開1的花瓣位置，同樣直立地插入3片花瓣。

3

在底座中央朝內插入3根雌蕊。

4

在底座中央朝內插入3根雌蕊。

糖果的容器
BONBONNIÈRE

放入小型糖果的箱子。是經典的配件之一

分量　24×15cm、高約5cm 1個
⊙糖果的容器 bonbonnière
＊預備雙面膠將塑膠片貼在30×50cm、厚4cm的烤盤背面。
白巧克力 converture blanche
牛奶巧克力（可可成分38%）couverture au lait 38% de cacao
黑巧克力（可可成分58%）couverture noire 58% de cacao
＊巧克力是以白巧克力為基底，共計使用1.5kg。各別調溫。
巧克力裝飾（棒狀）décor de chocolat（stick rond→P201）—— 約14cm

⊙組合用、裝飾用 pour montage et décor
巧克力裝飾（花B）décor de chocolat（fleur B→P207）—— 2個
＊花瓣是白巧克力、雌蕊是黑巧克力製作。
巧克力裝飾（葉A）décor de chocolat（feuille A→P204）—— 5片
巧克力裝飾（網狀筒形）décor de chocolat（grille→P199）—— 20cm長1根
黑巧克力（可可成分58%）couverture noire 58% de cacao —— 適量Q.S.
＊黏著用。調溫。

POINT

黏貼零件時使用的冷卻噴霧，若過度噴撒會
因過硬而導致之後的脫落。噴撒後按壓黏貼
的零件並稍加等待，非常重要。至緊黏無法
移動時即可。
以此介紹的參考範例，可以變化製作出個人
喜好的形狀或裝飾。

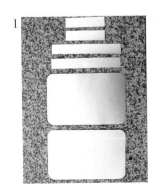

1 製作模型用紙。從自己的方向依序是15×24cm（底座和蓋子）、3×21cm、3×12cm（連同側面）各2片。紙張選用的是厚紙等硬質的材料。

2 混合調溫過的巧克力。首先將白巧克力放入缽盆中，依序用刮刀以旋渦狀滴淋加入牛奶、黑巧克力，使其留下線條。

3 邊轉動缽盆邊如切開般地粗略混拌2次。
＊過度混拌時，就無法形成大理石紋了。巧克力也可以用色粉著色（→P216）。

4 使缽盆中的大理石紋能直接呈現出來，分3次縱向倒往貼著塑膠片的烤盤背面。在重點處必須要有4～5mm的厚度。

5

用尺規等平整均勻表面。放入冷藏室約10分鐘,至觸摸時不會沾黏,就即刻取出。

＊使用的是烤盤的背面,貼有塑膠片的那一側。

6

待表面乾燥後,考量其大小、位置等,將預備好的模型用紙試著排放位置。決定位置後,按壓模型用紙,以水果小刀刻劃標記。

7

用水果小刀沿著刻劃的標記,直立地向下確實切開。

＊直線的部分先以尺規劃出標記,之後再依著模型用紙分切,就能切出俐落漂亮的切面。

8

為避免反向捲起,依序在7表面擺放烤盤紙、烤盤,置於17～18℃的室溫下一夜。

＊緊貼著塑膠片表面和反面的巧克力收縮率會不同,沒有放置重量會造成其反捲。

9

待8凝固後,除去烤盤和烤盤紙,從烤盤上拆下塑膠片。

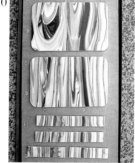

10

除去多餘的巧克力,置於紙上。將另外的烤盤加熱備用。

＊烤盤是為了用於融化黏著巧克力的邊緣。

11

在方型淺盤背面組裝。首先放置作為底座的巧克力,暫時擺放側面用巧克力,以確認大小及位置。

12

用雙手拿取1片長邊側面用巧克力,底部在熱烤盤上摩擦使其稍稍融化。

13

將12按壓在底座上,貼合。另一側的巧克力也以相同技巧黏著。

14

將13翻面,將側邊頂端貼合熱烤盤地滑動,以其稍稍融化並將凹凸狀態修成平整。

15

將14放回正面,必要時可以用手指調整均勻側邊巧克力的頂端。

16

用噴槍溫熱水果小刀,切下4根3cm的棒狀巧克力裝飾。置於15的四個角落之後,抵在熱烤盤上,略略融化邊緣使其黏著。

17

用噴槍溫熱水果小刀，抵在四個角落的棒狀巧克力頂端使其融化，朝向外側地斜向整合切面。

18

蓋子僅覆蓋也可以，或是用加熱過的水果小刀抵著黏著在四個角落的棒狀巧克力頂端，使其融化，貼合蓋子。

19

用噴槍溫熱的水果小刀，斜向切斷裝飾用的網狀筒形巧克力。
＊以下是裝飾的範例，可依個人喜好來裝飾。

20

試著將19放在糖果盒上，待決定位置後，用僅調溫過，裝在紙捲擠花袋的黑巧克力黏著，用冷卻噴霧使其凝固。

21

在筒形裝飾上，以紙捲擠花袋絞擠出巧克力以黏著花朵。

22

在21上黏貼花B，黏著處以冷卻噴霧使其固定。
＊裝飾請考慮整體的平衡感，可以將全部裝飾先試擺看看，再黏著。

23

再黏上另一朵花B，也同樣地黏貼上葉片A。

給小朋友的禮物
Pièce POUR LES ENFANTS

使用有著細溝槽的矽膠模型時，以具有流動性的巧克力製作

分量　直徑15cm、高約30cm　1個
＊消毒樂高後以矽膠自製的模型（→P186）。預備16.5cm和
　9.5cm長的鐵軌模型、7cm長的長方形，和4cm的正方形樂
　高模型各2個、3cm的骰子模型3個。
牛奶巧克力噴霧 pistolet de colorant au lait（→P222）
＊約需150g。
白巧克力 converture blanche
＊約需800g～1kg。隔水加熱至40～45℃融化。
可可脂 beurre de cacao —— 適量 Q.S.
＊融化。
紅色和黃色巧克力用色粉 colorant jaune et
rouge pour décor de chocolat —— 適量 Q.S
＊色粉參照P224製作，調整溫度使用。

⊙底座 Socle
＊預備底座用直徑15cm的環形模。
黑巧克力（可可成分58%）couverture noire 58% de cacao
　　—— 適量 Q.S.
＊調溫。也用於黏著。

⊙裝飾用 pour et décor
條狀圖案片 Plaquettes en rayures（→P195）
　　—— 3cm 方形9片
巧克力裝飾（圈狀）décor de chocolat（bracele→P198）
　　—— 適量 Q.S.
＊用溫熱的水果小刀分切使用。
銅色色粉 poudre de bronze —— 適量 Q.S.

1 牛奶巧克力噴霧（P222），使用冰水調溫（→P42）。
＊噴霧用的巧克力具流動性，具流動性無法在桌上調溫。

2 將1放入擠花袋，剪掉前端，絞擠在鐵軌模型的各個角落。置於冷藏室使其凝固。之後因有噴霧，所以不用在意是否具有光澤。

3 在少量的白巧克力中加入紅色巧克力用色粉混拌，考量情況加入可可脂使其成為噴霧用（→P222）。與1同樣地調溫。

4 與3同樣地，在白巧克力中添加混拌黃色巧克力用色粉，同樣地補足可可脂並調溫。
＊連同3製作出恰到好處的顏色。

5 將4裝入紙捲擠花袋，絞齊在長方形樂高模型的溝槽部分。

6 用刷子蘸取4，薄薄地刷塗全體。
＊僅倒入無法全面流入，所以先在溝槽、四個角落等擠入。

7 將4倒入，直接放在陰涼的位置，待其周圍結晶化。將3倒入4cm的方型樂高模中，與5～7同樣地倒入，使周圍凝固製作出紅色樂高。

8 黃、紅連同其周圍變硬且較無光澤時，將巧克力倒回原來的缽盆中。
＊使用矽膠模型時，若厚度不夠在脫出時可能會破損。

9

在剩餘4的巧克力當中，
邊視其顏色邊加入3混
拌，使其成為橙色。

10

將9放入紙捲擠花袋內，
先絞擠至骰子模型的溝槽
部分，接著摩擦般移動擠
至四個角落及邊緣。若想
要成品較輕巧時，可以與
8相同地製作。

11

將凝固的2輕輕地脫模。
置於室溫下使其確實凝固。

12

其他的形狀也脫模，但溝
槽較深的形狀，必須要更
加慎重輕巧地進行。置於
室溫下使其確實凝固。

13

在骰子零件的溝槽部分，
用紙捲擠花袋絞擠調溫過
的黑巧克力。噴撒冷卻噴
霧，使觸摸時不沾黏，其
他的面也同樣進行。

14

將貼有塑膠片直徑15cm的
環形模放在矽膠墊上，倒
入調溫巧克力約1.5cm高。
置於冷藏室使其凝固。

15

脫去14的模型和塑膠片。
在模型當中均衡地組合鐵
軌模型零件，以裝入紙捲
擠花袋的巧克力使其黏
著，用冷卻噴霧使其凝固。

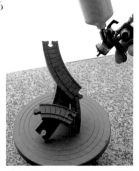

16

依序將1的巧克力，噴霧
在底座和15上，使其呈現
光澤。

17

在鐵軌的零件表面中央
處，用刷子刷上銅色色粉。

18

用裝入紙捲擠花袋步驟1
的巧克力，將9片條狀圖
案片與底座黏貼，在上方
黏上17，用冷卻噴霧使其
固定。

19

試著將骰子與樂高的零
件、圈狀裝飾，適當地擺
放在18上決定位置，與
18相同地以裝入紙捲擠花
袋的巧克力和冷卻噴霧使
其黏著。

情人節
Pièce pour SAINT-VALENTIN

使用曲線的紙模板來製作配件

分量　14×8cm、高約25cm　1個

＊預備雙面膠將塑膠片貼在底部30×50cm、厚4mm的烤盤。

白巧克力 converture blanche

紅色巧克力用色粉 colorant rouge pour décor de chocolat（→P224）—— 適量 Q.S.

牛奶巧克力（可可成分38%）couverture au lait 38% de cacao

黑巧克力（可可成分58%）couverture noire 58% de cacao

＊巧克力以白巧克力為基底，使用共計1.5kg。各別調溫。

⊙裝飾用 pour et décor

巧克力裝飾（花C）décor de chocolat（fleur C→P207）—— 2個

巧克力裝飾（葉B）décor de chocolat（feuille B→205）—— 6片

巧克力裝飾（圈捲狀A）décor de chocolat（bigoudi A→200）—— 適量 Q.S.

紅色的色粉噴霧 pistolet de colorant rouge（→P222）—— 適量 Q.S.

白巧克力 converture blanche　300g

＊黏著用。調溫。

預備

製作紙模板。切出底座用14×8cm的長方形1片。

除此之外，長22×寬19cm（大）、14×12cm（中）、9×7cm（小）的心形各1片。

大和中的心形中央，挖出小的心形紙模板各1片。

紙張選用厚紙等硬質的材料。（→P209的步驟1）

1

將調溫過的白巧克力放入缽盆中，依序用刮刀以旋渦狀地滴淋加入紅色巧克力色粉、牛奶巧克力。

2

邊轉動缽盆邊如切開般地粗略混拌3～4次。

＊過度混拌時，就無法形成大理石紋了。

3

使缽盆中的大理石紋能直接呈現出來，分3次縱向倒在貼著塑膠片的烤盤背面。重點處必須要有4～5mm的厚度。

4

用尺規等平整均勻表面。放入冷藏室約10分鐘，至觸摸時不會沾黏，就即刻取出。

＊使用的是烤盤的背面，貼有塑膠片的那一面。

5	6	7

待表面乾燥後，試著排放紙模板的大小、位置等，決定位置後，按壓紙模板，以水果小刀刻劃標記。從最大的心形開始。

在大的心形上疊放挖出小的心形紙模板，在內側劃切標記，再放置小的紙模板劃切標記。中間的心形、底座也同樣進行。

參照P210的7～8，沿著標記裁切，放置一夜使其凝固。凝固後除去烤盤和烤盤紙，從烤盤上拆下塑膠片。

＊照片是預備的零件也一樣裁切。

| 組合 |

1	2	3	4

在花C上噴撒紅色色粉的噴霧，再噴撒冷卻噴霧。

＊瞬間凝固會呈現天鵝絨狀，色粉顆粒更加醒目。

若零件的切面呈現凹凸不平時，可以用噴槍加熱的小切模、刀子等，貼近磨成平整。用刀子刮平底座，擺放零件的位置，使其容易黏著。

預備溫熱的烤盤。用裝入紙捲擠花袋的調溫巧克力，絞擠至2的刮平位置，貼上以熱烤盤融化下端的大心形，用冷卻噴霧使其凝固。

在3上試著擺放中型的心形巧克力，在黏著處絞擠白巧克力使其黏著貼合，同樣用冷卻噴霧使其凝固。

5	6	7

立刻用水果小刀切去溢露出的黏著用巧克力。在大心形的右側同樣地黏貼小的心形。

在黏著的心形側邊絞擠白巧克力，貼上花C，葉片。圈狀等小型裝飾，則是用噴槍溫熱飾品黏著處，各別貼合。

黏著時，噴撒冷卻噴霧，用手按壓至凝固為止。適當地裁切葉片貼合。考量想像全體的平衡後進行。

復活節
Pièce pour PÂQUES

使用蛋形模，塑形貼合製成

分量　長徑20cm的蛋形　1個

＊預備長徑20cm聚碳酸酯材質的蛋形模2個，直徑9cm、高3cm底座用的環型模1個。

黑巧克力（可可成分58%）couverture noire 58% de cacao

＊約需1.5kg。調溫。

巧克力脆米花riz soufflé chocolat —— 50g

白巧克力converture blanche

＊約需1kg。調溫。

色粉噴霧pistolet de colorant —— 適量Q.S.

＊各別製作黃、紅、藍、白的色粉，調整溫度使用（→P222）。

綠色，是黃色中添加紅色製作出橙色後，再加入藍色製成。全體使用400～500g。

黑巧克力噴霧pistolet de colorant noir（→P222）—— 500g

⊙裝飾用pour décor

波浪圖案片plaquettes en rayures（→P195）—— 1片

＊以上是用黑巧克力製作直徑5cm的大小。

　也可用個人喜好的巧克力、大小來製作。

巧克力裝飾（棒狀）décor de chocolat（stick rond→P201 —— 2根

巧克力裝飾（花A）décor de chocolat（fleur A→P206）—— 1個

巧克力裝飾（葉A）décor de chocolat（feuille A→204）—— 2片

黑巧克力（可可成分58%）couverture noire 58% de cacao —— 適量Q.S.

＊黏著用。調溫。

用刷子厚厚地將調溫過的巧克力刷塗在蛋形模內。

用大型刮板削去溢出模型的巧克力。

一口氣將黑巧克力倒入至模型邊緣，略略放置。

＊為了使其形成厚度，倒入調溫過的巧克力可用略低的溫度。

另一側的模型也與步驟1相同地開始塑形。步驟3的模型周圍凝固至厚3～4mm時，將中央的巧克力倒回缽盆中。

5 用刮板平整地刮平表面。

6 將模型扣放在烤盤紙上。置於17～18℃的室溫下，待凝固後輕輕地脫模。另一個也同樣地進行，脫模。

7 製作底部。配合直徑9cm的環形模裁切塑膠片，用雙面膠黏貼在模型內側，置於烤盤紙上。

8 在缽盆中放入巧克力脆米花，加入調溫過的黑巧克力混拌使其沾裹，放入7的模型中，用刮板使中央形成凹槽。

9 按壓並旋轉缽盆底部，讓蛋形可以平穩放入。置於17～18℃的室溫下凝固，脫去模型和塑膠片，置於室溫下。

10 烤盤加熱備用。將6各別按壓在熱烤盤上使黏著面融化，貼合兩半成蛋形。用手指拭去溢露的巧克力。

11 確認是否完全黏著後，將10橫向放置在環形模上，使黏貼面呈水平放置。
＊使其不會坍塌且黏貼面呈安定狀態。

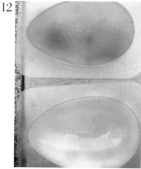

12 依序將溫度略低的黃色、添加紅色的橙色、綠色的色粉，噴霧在同樣的蛋形模內。綠色和橙色是部分，黃色則是全面性地進行噴霧。

13 最後用白色噴霧噴撒全體。
＊藉由白色噴霧可以使顏色更加清晰。

14 將調溫過的白巧克力倒滿至13的模型邊緣。為了呈現輕薄狀態，立刻將巧克力倒回缽盆中。

15 輕敲模型側邊，削落表面。

16 將15倒扣架放在2根鐵棒或細木板上，避免沾黏。再預備另一組。

17

待其呈黏土狀時，用刮板刮除滴落的巧克力。

18

立刻用竹籤在蛋形中刺出曲線的標記。放入冷藏室10～15分鐘使其緊實，立刻脫模（因為輕薄，一旦放置過久會反捲）。在室溫下凝固。

19

用裝入紙捲擠花袋的調溫黑巧克力，絞擠少量至底座中央，黏貼11的蛋形巧克力。

20

在19表面噴撒黑巧克力噴霧，乾燥至觸摸時不沾黏為止。

21

用噴槍溫熱水果小刀的刀刃，輕輕地沿著18的標記切開。以裝入紙捲擠花袋的黑巧克力絞擠至20的上端。

22

貼合切開有顏色的蛋形上端，噴撒冷卻噴霧。有顏色的蛋形下端則嵌入反面，確認擺放底座的位置。

23

用噴槍溫熱的水果小刀，切開擺放底座的部分，依21～22的技巧黏貼固定。

24

溫熱的小刀按壓在蛋形的頂端，使其形成凹陷，絞擠入黑巧克力，黏貼上棒狀裝飾、波浪圖案片，以冷卻噴霧固定。

25

將葉片A的光澤面朝上同樣黏貼，再貼上花A裝飾，各別噴撒冷卻噴霧固定。

噴霧
Pistolet

融化的可可脂中混拌巧克力或色粉，
用噴槍噴撒至小型巧克力糖、模型、慕斯等的裝飾方法。
因為是噴霧，所以會飛散在四周。可以用厚紙箱等作出圍屏後再噴撒。

[噴霧的配比]

[噴霧混合液（appareil）的製作方法]

白巧克力的噴霧
pistolet de chocolat blanc

白巧克力 converture blanche —— 1kg
可可脂 beurre de cacao —— 500g

牛奶巧克力噴霧
pistolet de chocolat au lait

牛奶巧克力（可可成分38%）couverture au lait 38%
de cacao —— 900g
黑巧克力（可可成分58%）couverture noire 58% de
cacao —— 200g
可可脂 beurre de cacao —— 600g

黑巧克力的噴霧
pistolet de chocolat noir

黑巧克力（可可成分58%）couverture noire 58% de
cacao —— 1kg
可可塊 pâte de cacao —— 200g
可可脂 beurre de cacao —— 700g

色粉的噴霧
pistolet de colorant

可可脂 beurre de cacao —— 700g
色粉 colorant —— 適量 Q.S.

1　預備以40℃融化的巧
克力。黑巧克力時添加
可可塊、牛奶巧克力添
加少量黑巧克力。

2　加入融化的可可脂，
混拌。
＊在此調溫會產生光澤，
也會較快凝固。

3　用手持攪拌棒攪打混拌
至乳化。使用色粉時，
在融化的可可脂中依個
人喜好地添加顏色，與
2混合後，用手持攪拌
棒混合攪拌。

添加可可脂的理由

巧克力，為使其不阻塞，順利由噴嘴噴出，所以添加可可脂以提高其流動性。

使用牛奶巧克力、黑巧克力時

牛奶或黑巧克力，因含有可可固態成分（→P10），為增加流動性必須再多加入可可脂。可可脂結晶化時會變白，為了讓可可的顏色、濃度不致改變，各別加入少量的黑巧克力或可可塊。

具光澤或無光澤感

噴霧的製作方法步驟2，混合可可脂和巧克力後調溫，噴撒在室溫的成品時，會產生光澤。噴撒在冰冷慕斯等，就會成為無光澤感（天鵝絨般質感）的成品。
配件等想要呈現無光澤感時，可以同樣地先冷卻配件後再進行噴霧，或是與冷卻噴霧一起使用。
＊調溫時，要配合所使用巧克力的結晶化溫度、作業溫度（→P40）。色粉和可可脂則無調溫的必要。使用添加混合色粉或可可脂時，則配合使用的巧克力溫度調溫。無論如何，添加了可可脂就會提高流動性，不適合在桌面進行，所以會使用冰水進行調溫（→P42）。

作業溫度

噴霧的作業溫度與調溫時使用的作業溫度（→P40）相同。色粉的噴霧，則在27～30℃。長時間使用，需保溫備用。

［噴嘴的清潔與噴劑的替換］

—— 噴嘴的清潔
噴霧的噴嘴，可放入溫熱沙拉油或融化的可可脂，噴撒後充分擦拭、清潔。絕對不可用水。

—— 連續使用時
要連續替換使用幾種色粉或巧克力時，由淡色開始使用。替換時除去容器的內容物，並且以橡皮刮刀仔細乾淨地刮除。清潔噴嘴（上述）後，測試之前的顏色確實消失，再開始進行噴霧作業。

色粉的使用方法、
顏色的調配

巧克力用色粉
Colorant pour décor de chocolat
—— 色粉的調合

色粉基本上使用的是巧克力用的油溶性產品，相對於可可脂，大約融化5%程度的色粉即可。
◎調整至27～30℃使用。

配方比例
色粉colorant —— 1
可可脂beurre de cacao —— 20
＊融化。

1

例如10g色粉中加入200g融化可可脂。
＊色粉相對於可可脂5%的比例是參考標準，必須視顏色加以調整。

2

用手持攪拌棒，避免結塊地確實攪拌。
＊製作一次可以使用多次。使用時進行保溫，使其成為融化狀態（27～30℃）。

［基本的色粉4色］

紅、黃、藍3色與巧克力調合，就能製作出其他顏色。
白巧克力因不是雪白，所以白色的色粉也是必須的。
＊巧克力使用調溫過的。

［製作基本的5色］

製作出基本顏色，將其搭配組合能表現出多樣化、呈現細微的色彩。用紅、黃、下述的綠色是基本3原色製作，其他還有白、下述的黑，製作出5色。這些適當地混合，就能製作出其他顏色（→右頁的圖表）。
（以下指的都是用基本配比的可可脂，再融入色粉）

黃 ｝
赤 ｝基本3原色
綠 ｝
黑 ｝補色
白 ｝

⊙基本綠色的配方比例

藍色不太會以原色使用，所以預先混合黃色調成綠色備用。

基本綠 　　藍1：黃1
深綠 　　　藍2：黃1
明亮綠 　　藍1：黃2

＊因大多會混拌顏色深濃的巧克力，所以在此選用的是明亮綠色的配比。

⊙基本黑色的配方比例

黑　藍5：紅3.5：黃1.5

色粉的圖表
—— 顏色的組合

以下是基本5色與巧克力搭配組合的顏色圖表。
參考這個圖表來考量組合出顏色。
另外，5色加上溶於可可脂的藍色，可作為調配顏色用。
（以下指的都是用基本配比的可可脂，再融入色粉）

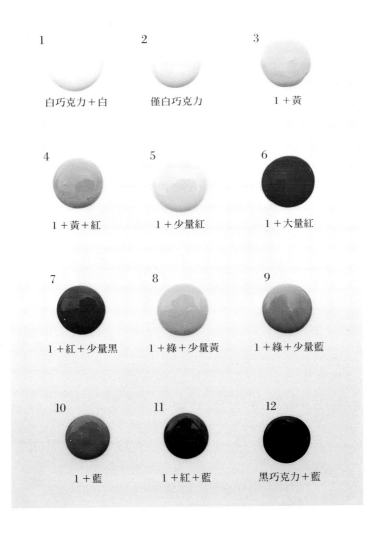

1 白巧克力＋白

2 僅白巧克力

3 1＋黃

4 1＋黃＋紅

5 1＋少量紅

6 1＋大量紅

7 1＋紅＋少量黑

8 1＋綠＋少量黃

9 1＋綠＋少量藍

10 1＋藍

11 1＋紅＋藍

12 黑巧克力＋藍

POINT

搭配深濃的巧克力時，必須連同這個部分來計算製作調配出顏色。想要深暗色彩時，會加入較多的藍色，想要明亮色彩時，添加黃或紅即可。順道一提，配方比例幾乎與繪畫或油漆雷同。關於顏色，也可參考繪畫工具配色或油漆相關的書籍。

用於巧克力的工具

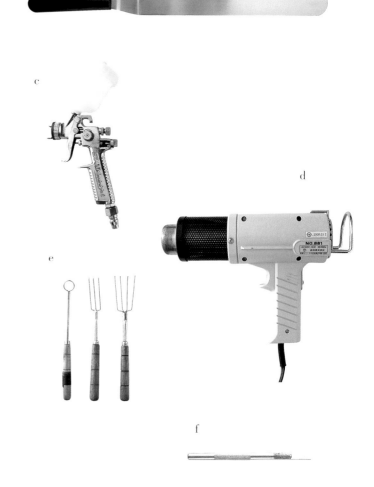

a —— 大型刮板
也稱為巨型刮板。塑形時可以一次刮
削下模型上多餘的巧克力、或用於調
溫等。

b —— 各種抹刀
想要薄薄地推開巧克力、或均勻平整
甘那許等，使用頻繁。

c —— 噴霧噴槍
也稱為噴槍。木工用品，多用於塗裝
時。有各式各樣的大小，工業用的大
型噴槍必須有加壓用的壓縮機。也有
不需壓縮機的手持式噴槍。

d —— 吹風機
熱風槍（工業用吹風機）。可吹出
200～300℃的熱風，調節溫度不可或
缺，巧克力製作上強而有力的搭配。
使用在調溫過的巧克力溫度降低時增
溫，也可以溫熱缽盆的側面。用一般
頭髮吹風機也可以。

e —— 巧克力專用叉
用於巧克力調溫時的專用叉（four-
chette）。用於圓形小型巧克力等，可以
使用前端製成圈狀的（bague）種類。

f —— 刀子、柳葉刀、切刀
在巧克力上劃切標記而不切斷時、或
劃出細條紋時，使用薄刃刀或切刀都
很方便。柳葉刀最適用。

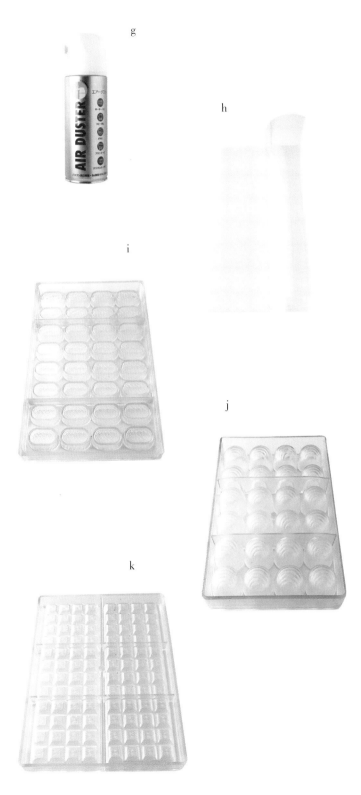

g —— 冷卻噴霧

法文稱為bombe froide。在組合配件等，貼合細小零件時，用於瞬間冷卻黏貼面，使巧克力凝固時非常方便。過度長時間噴撒，會造成過度收縮，反而容易脫落剝離。電腦用的空氣噴霧gas duster也經常運用在巧克力製作。

h —— 塑膠片

塑膠片會用於舖放在模型或烤盤、使調溫巧克力呈現光澤等。使用廣泛、可舖放於模型或底部、或使其呈現光澤地貼合在小型巧克力等，花朵用最適合選用輕薄的OPP膜。但過於輕薄，在可可脂凝固收縮時，可能會造成皺摺。另外，扭動製作巧克力裝飾時，最適合用慕斯圍邊用的慕斯膠片。塑膠片因為沒有透氣性，使用於薄片形狀時必須要多加注意。貼合塑膠片的表面與另一面的收縮不同，可能會因而反捲，所以在表面凝固後就要立即剝除。或是於其上放置烤盤紙、烤盤，作為重量壓放。

有各式各樣的厚度，帶有圖案的會比較厚。

i —— 小型糖果模

聚碳酸酯材質。聚碳酸酯的衝擊強，具有優異的耐冷、耐熱性，特徵是不易變形。尺寸是一口大小，具有各種形狀或圖案的類型。使用時，為除去會影響巧克力光澤的指紋或灰塵，會用棉布等清潔。像巧克力專門店般頻繁使用時，只要避免不沾附到水滴，就能不清洗地持續使用。

j —— 一口糖果模

聚碳酸酯材質。比小型糖果模略大，與小型糖果模同樣保管處理。

k —— 板狀模

聚碳酸酯材質。用於板狀巧克力，與小型糖果模同樣保管處理。

Le Cordon Bleu 藍帶廚藝學院

1895年，創設於法國巴黎。是巴黎最古老，具有超過一世紀歷史的知名料理學校。目前在世界20國以上開設了30多所分校，致力於經營國際性料理與餐飲服務的教育機構。日本於1991年，在代官山設立東京分校、2004年在關西開設神戶分校，以傳承法國美食文化與生活藝術之精髓。

東京分校　東京都渋谷区猿楽町28-13 ROOB-1
　　　　　TEL 0120-454840
神戶分校　兵庫縣神戶市中央区播磨町45 The 45th 6F/7F
　　　　　TEL 0120-138221
URL　　　http://www.cordonbleu.edu/japan

系列名稱 / 法國藍帶
書　名 / 巧克力的基本與關鍵大全
作　者 / 法國藍帶廚藝學院
出版者 / 大境文化事業有限公司
發行人 / 趙天德
總編輯 / 車東蔚
文　編 / 編輯部
美　編 / R.C. Work Shop
翻　譯 / 胡家齊
地　址 / 台北市雨聲街77號1樓
TEL / (02)2838-7996
FAX / (02)2836-0028
初　版 / 2020年2月
定　價 / 新台幣980元
ISBN / 9789869814232
書　號 / LCB 17

讀者專線 / (02)2836-0069
www.ecook.com.tw
E-mail / service@ecook.com.tw
劃撥帳號 / 19260956 大境文化事業有限公司

請連結至以下表單填寫讀者回函，將不定期的收到優惠通知。

製作協助、技術指導 —— 布魯諾德夫(Bruno Le Derf)
　　　　　　　　　　 2007年「Chocolaterie et Confiserie」MOF。
口譯‧翻譯‧技術助理 —— 千住麻里子
器物協助(漆器) —— 赤木明登
　　　　(陶板) —— 內田鋼一
攝影協助 —— アサヒフーズ㈱ 神戶三田工場

攝影　　日置武晴
造型　　高橋みどり
藝術總監　有山達也 (アリヤマデザインインストア)
設計　　岩渕恵子　中島美佳 (アリヤマデザインインストア)
編輯　　猪俣幸子

Complex Chinese version
© 2017 Le Cordon Bleu International BV
Original Japanese version published by Shibata Publishing Co. Ltd
© 2010 Le Cordon Bleu International BV and Shibata Publishing Co. Ltd
© 2010 Photographs by Takeharu Hioki (Shibata Publishing Co. Ltd)
© 2010 Illustrations by Keiko Iwabuchi (Ariyama Design Store)

國家圖書館出版品預行編目資料
巧克力的基本與關鍵大全
法國藍帶廚藝學院　著;--初版.--臺北市
大境文化，2020 228面；19×26公分（LCB；17）
ISBN 9789869814232
1.點心食譜　2.巧克力　　427.16　　108023077